Gunita Nikitina

# Glābšanas darbu veikšanas paņēmieni nogāžu procesu skartajās vietās

Gunita Nikitina

# Glābšanas darbu veikšanas paņēmieni nogāžu procesu skartajās vietās

GlobeEdit

**Impressum / Imprint**

Bibliografische Information der Deutschen Nationalbibliothek: Die Deutsche Nationalbibliothek verzeichnet diese Publikation in der Deutschen Nationalbibliografie; detaillierte bibliografische Daten sind im Internet über http://dnb.d-nb.de abrufbar.

Alle in diesem Buch genannten Marken und Produktnamen unterliegen warenzeichen-, marken- oder patentrechtlichem Schutz bzw. sind Warenzeichen oder eingetragene Warenzeichen der jeweiligen Inhaber. Die Wiedergabe von Marken, Produktnamen, Gebrauchsnamen, Handelsnamen, Warenbezeichnungen u.s.w. in diesem Werk berechtigt auch ohne besondere Kennzeichnung nicht zu der Annahme, dass solche Namen im Sinne der Warenzeichen- und Markenschutzgesetzgebung als frei zu betrachten wären und daher von jedermann benutzt werden dürften.

Bibliographic information published by the Deutsche Nationalbibliothek: The Deutsche Nationalbibliothek lists this publication in the Deutsche Nationalbibliografie; detailed bibliographic data are available in the Internet at http://dnb.d-nb.de.

Any brand names and product names mentioned in this book are subject to trademark, brand or patent protection and are trademarks or registered trademarks of their respective holders. The use of brand names, product names, common names, trade names, product descriptions etc. even without a particular marking in this work is in no way to be construed to mean that such names may be regarded as unrestricted in respect of trademark and brand protection legislation and could thus be used by anyone.

Coverbild / Cover image: www.ingimage.com

Verlag / Publisher:
GlobeEdit
ist ein Imprint der / is a trademark of
OmniScriptum GmbH & Co. KG
Heinrich-Böcking-Str. 6-8, 66121 Saarbrücken, Deutschland / Germany
Email: info@globeedit.com

Herstellung: siehe letzte Seite /
Printed at: see last page
**ISBN: 978-3-639-70683-3**

# SATURS

Ievads ........................................................................................................ 2

1. Nogāžu procesi, glābšanas resursi un pirmā palīdzība .............................. 3

1.1. Pētāmās problēmas analīze un statistiskie dati ...................................... 3

1.2. Nogāžu procesi un tos ietekmējošie faktori ......................................... 7

1.3. Nogāžu procesu klasifikācija ............................................................... 9

    1.3.1. Nogruvumi, to veidošanās un klasifikācija .................................. 9

    1.3.2. Noslīdeņi, to veidošanās un klasifikācija ................................... 11

    1.3.3. Nobiras un to veidošanās ......................................................... 16

1.4. Nogruvumu, nobiru un noslīdeņu novēršanas pasākumi ...................... 17

1.5. Izlūkošanas veikšana un cietušo atrašanas paņēmieni nogāžu procesos ........... 19

1.6. Glābšanas tehnika un aprīkojums glābšanas darbu veikšanai nogruvumos, noslīdeņos un nobirās ................................................................................ 28

1.7. Iespējamās cietušo traumas nogāžu procesos un pirmā palīdzība .................... 31

    1.7.1. Ievainojumi un asiņošana ........................................................ 31

    1.7.2. Traumas un lūzumi .................................................................. 31

    1.7.3. Slīkšana ................................................................................. 32

    1.7.4. Atdzišana ............................................................................... 32

    1.7.5. Apsaldējumi .......................................................................... 33

    1.7.6. Ilgstoša nospieduma sindroms ................................................ 33

2. Glābšanas darbu veikšana nogāžu procesu skartajās vietās ...................... 34

2.1. Glābšanas darbu veikšanas priekšnosacījumi ....................................... 34

2.2. Glābšanas darbu veikšanas paņēmieni nogāžu procesu skartajās vietās ........... 42

3. Darba aizsardzības prasības, veicot glābšanas darbus nogruvumos, nobirās un noslīdeņos ............................................................................................... 52

Kopsavilkums ............................................................................................ 58

Bibliogrāfiskais saraksts ............................................................................ 59

Pielikumi ................................................................................................... 61

# IEVADS

Laika gaitā, paplašinoties Valsts ugunsdzēsības un glābšanas dienesta funkcijām (turpmāk – VUGD), ugunsdzēsējiem glābējiem ir nepieciešams periodiski apgūt jaunas profesionālās iemaņas un zināšanas, lai vēl sekmīgāk un kvalificētāk veiktu glābšanas un neatliekamo seku likvidēšanas darbus notikuma vietā.

VUGD saņem izsaukumus arī uz glābšanas darbiem, kur cilvēki tiek aprakti gruntīs, lai gan līdz šim nav bijis nedz metodiskā mācību materiāla, nedz arī apmācības šajā jomā. Izpētot dažādu cilmju informāciju, autore nonākusi pie secinājuma, ka tikai nedaudzās valstīs ir izstrādāta vai tiek izstrādāta nogāžu procesu risku novēršanas metodoloģijas, taču nogruvumu, nobiru un noslīdeņu rašanās risks ir pietiekami augsts arī Latvijā – par to liecina pētījumā apkopotā statistika, kas liedz šādu procesu norisi atstāt bez ievērības.

Pētījuma objekts ir ģeoloģiskie procesi, kas ietekmē dažādu objektu būvniecības un ekspluatācijas apstākļus, savukārt būvniecība un būvju ekspluatācija var izraisīt dažādus ģeoloģiskos procesus, jo cilvēku inženiertehniskā un saimnieciskā darbība izjauc ģeoloģiskās vides dabisko līdzsvaru. Ideālā gadījumā cilvēku iejaukšanās palēninātu vai pārtrauktu nelabvēlīgu ģeoloģisko procesu norisi, taču biežāk cilvēku darbības sfērā notiek esošo ģeoloģisko procesu aktivizēšanās, kā arī jaunu un savas ārdošās darbības ziņā ļoti intensīvu procesu un parādību rašanās. Pētījuma priekšmets ir nogāžu procesi, kas vistiešāk ietekmē iežu stabilitāti, proti, kad dabiski/mākslīgi veidotajās nogāzēs/tranšejās/būvbedrēs ieži dažādu apstākļu dēļ zaudē stabilitāti un gravitācijas spēka iedarbībā pārvietojas lejup, veidojot nogruvumus, noslīdeņus un nobiras.

Lai profesionālāk veiktu glābšanas un neatliekamo seku likvidēšanas darbus nogāžu procesu skartajās vietās, darba mērķis ir pilnveidot metodiskos ieteikumus glābšanas darbu veikšanai nogruvumos, nobirās un noslīdeņos, integrējot tajā citu valstu glābšanas darbu veikšanas paņēmienus ar VUGD materiāltehniskā nodrošinājuma iespējām, kā arī iekļaut darbā analītiskas aprēķina izteiksmes noslīdeņu un nobiru veidošanās īpatnību raksturošanai.

Pētāmās tēmas izpēti ierobežo nogāžu procesu būtība un attīstības dinamika. Šādi procesi ir pastāvīgi konstatējami un pat praktiskajās manipulācijās pie viena vai vairākiem mainīgiem apstākļiem nav prognozējama to attīstība. Jāpiemin arī, ka glābšanas darbu veikšanas paņēmienu praktiska imitācija notiek ar ierobežotu materiāltehnisko nodrošinājumu un nogāžu procesu skartās vietas tiek atdarinātas, tādējādi radot papildus ierobežojumus izvēlētās tēmas izpētei.

Pētījuma tuvinātie rezultāti prezentēti 2011.gada 14.oktobrī – Rīgas Tehniskās universitātes 52.Starptautiskās zinātniskās konferences sekcijā „Tehnogēnās vides drošības zinātniskās problēmas".

2

# 1. NOGĀŽU PROCESI, GLĀBŠANAS RESURSI UN PIRMĀ PALĪDZĪBA

## 1.1. Pētāmās problēmas analīze un statistiskie dati

Sākotnēji VUGD veica ugunsgrēku dzēšanu un glābšanas darbus, dzēšot ugunsgrēkus, kā arī sniedza palīdzību speciālajiem dienestiem un iedzīvotājiem. 1992.gada pirmajā pusē valsts ugunsdzēsības dienestā saskaņā ar tā attīstības koncepciju tehnisko iespēju robežās pakāpeniski paplašināja funkciju diapazonu, perspektīvā uzņemoties daudzējādas funkcijas (pirmās palīdzības sniegšanu, darbus elpošanai nepiemērotā vidē un transporta avārijās utt.).

Līdz ar likuma „Par ugunsdrošību" pieņemšanu, ugunsdzēsēju funkcijas viennozīmīgi bija paplašinājušās, ietverot arī glābšanas darbus uz ūdens.

1995.gadā notika starptautisks seminārs par ķīmisko, ugunsbīstamo un radioaktīvo vielu pārvadājumiem, lai iegūtu informāciju par bīstamo kravu un avārijas neitralizēšanai, iespējamo ugunsgrēku dzēšanai, piesārņojuma noteikšanai un cilvēku evakuēšanai, bet jau 1996.gada vasarā Ventspilī notika kārtējās starptautiskās katastrofu seku likvidācijas taktiskās mācības ar mērķi pārbaudīt dažādu resoru, dienestu gatavību un prasmi likvidēt lielas ķīmiskas avārijas, ugunsgrēkus un to sekas. [ 2; 215, 235, 242–243]

Maz pamazām VUGD funkcijas ir vērsušās plašumā, un mūsdienās tās ietver ļoti plašu spektru un atbilstoši dienesta tehniskajam nodrošinājumam un iespējām – arī zemūdens meklēšanas darbus un periodiski saņem izsaukumus uz glābšanas darbiem, kuros cietušie tiek apbērti ar grunti vai iegrimuši tajā, un/vai piedalās cietušo evakuācijai no nogāžu procesu skartajām vietām.

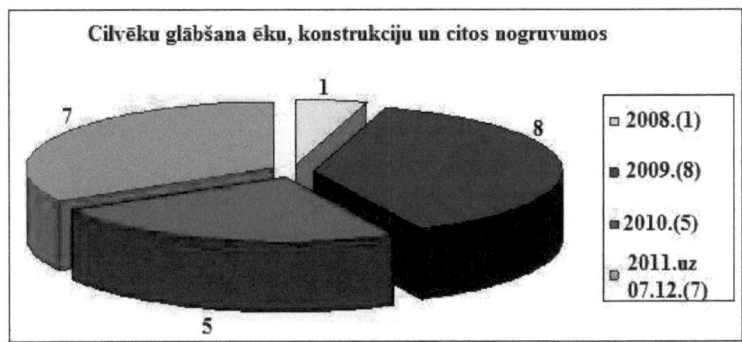

1.1. att. VUGD izsaukumu statistika cilvēku glābšanai ēku, konstrukciju un citos nogruvumos

Jāpiebilst, ka VUGD neveic atsevišķu šādu glābšanas darbu veikšanas statistikas datu apkopojumu, bet šie gadījumi tiek sistematizēti notikuma apakšveida – cilvēku glābšana – apakšsadaļā – ēku, konstrukciju un citos nogruvumos vai arī citos darbos. (skatīt 1.1. un 1.2. attēlu).

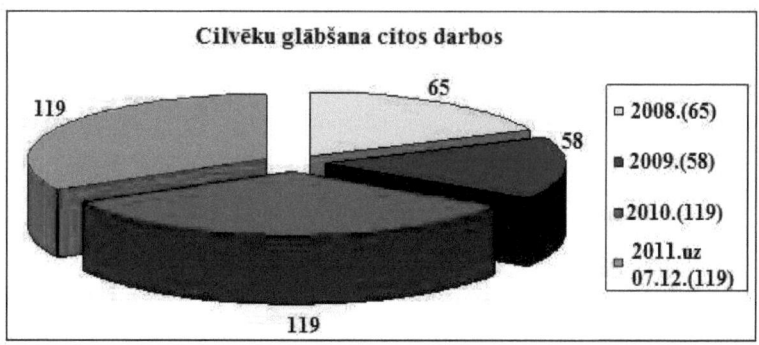

1.2. att. VUGD izsaukumu statistika cilvēku glābšanai citos darbos

Galvenokārt jau katra valsts atbilstoši savām īpatnībām izstrādā metožu kopumus kā efektīvāk novērst noteiktu procesu un/vai parādību ietekmi. Oficiālas nogruvumu riska novērtēšanas metodoloģijas ir izstrādātas Francijā, Itālijā, Zviedrijā un Šveicē, toties, piemēram, Dānijā, Austrijā, Vācijā, Nīderlandē, Igaunijā, Lietuvā, kā arī Latvijā, nav pieminētās metodoloģijas vadlīniju. [13; 3]

Arī Valsts darba inspekcijas 2010.gada darbības publiskajā pārskatā pie nelaimes gadījumu sadalījuma pēc traumēšanas faktoriem, tiek minēta iegrimšana, iegrūšana un apbēršana ar cietām vielām. Lai gan šajos statistiskajos datos parādās tikai tie nelaimes gadījumi, kas ir oficiāli reģistrēti un izmeklēti normatīvajos aktos noteiktajā kārtībā, to norise ir vērā ņemama. (skatīt 1.1., 1.2. tabulu). [6; 29], [7; 61]

1.1.tabula

Nelaimes gadījumos cietušo sadalījums pēc traumēšanas faktoriem

| Traumēšanas faktors | Kopā | | Smagi | | Letāli | |
|---|---|---|---|---|---|---|
| | 2009. | 2010. | 2009. | 2010. | 2009. | 2010. |
| Iegrimšana, iegrūšana un apbēršana ar cietām vielām | 9 | 3 | 7 | 3 | 1 | 0 |

1.2.tabula

Nelaimes gadījumos cietušo sadalījums pēc traumēšanas faktoriem

| Traumēšanas faktors | Kopā | Smagi | Letāli |
|---|---|---|---|
| Iegrimšana, iegrūšana un apbēršana ar cietām vielām | Uz 01.07. 2011. | Uz 01.07. 2011. | Uz 01.07. 2011. |
| | 3 | 1 | 1 |

Autore ir novērojusi, ka līdzcilvēkiem ir visnotaļ skeptiska un ironiska attieksme, izdzirdot vārdus „ nogruvums", „nobiras" vai „noslīdenis". Savu nostāju

4

līdzcilvēki argumentē ar to, ka Latvijā nav tādu kalnu un klinšainu masīvu, lai šie procesi noritētu, nepieļaujot domu, ka zemes darbi vai darbi, kuros pastāv risks nodarbinātajam tikt apbērtam ar grunti vai iegrimšana nestabilā gruntī, ir uzskatāmi par paaugstināta riska būvdarbiem. Šo procesu pamatā ir mikronogruvumu un mikronoslīdeņu veidošanās.

Bieži ceļu remontdarbu vai to ierīkošanas laikā iet bojā pat kvalificēti šā darba veicēji, jo netiek nostiprinātas (vai tas tiek veikts tikai daļēji) būvbedru un tranšeju malas un izraktie ieži.

Piemēram, 1999.gada 24.aprīlī – Brīvības ielā Juglā, Rīgā divi strādnieki gāja bojā nogruvumā, rokot kanalizācijas tranšeju.

2007.gada 14.aprīlī Raiņa ielā, Jelgavā pie privātmājas tika veikti remontdarbi, kur, nogrūstot tranšejas malām, strādnieks tika aprakts zem grunts 5,6m dziļumā. 2007.gada 5. novembrī Ogrē, Brīvības ielas rekonstrukcijas darbu laikā iebruka tranšeja, aprokot divus strādniekus. Vienam grunts uzbira daļēji, bet otru apraka līdz kaklam un no gūtajām traumām gāja bojā.

2008.gada 25.aprīlī ap pustrijiem dienā traģiska nelaime notika būvlaukumā Liepājā iepretim dievnamam Kuršu ielā. Būvbedres mala uzgruva virsū strādniekam. Plkst. 14:40 tika uzsākti glābšanas darbi, kur cietušo sāka atrakt tikai Neatliekamās medicīniskās palīdzības dienesta darbinieku uzraudzībā. Diemžēl vīrieša dzīvību izglābt neizdevās – atrakšanas laikā viņš mira.

2008.gada 29.aprīlī Valdlaučos, Rīgā strādnieks iekrita tranšejā, kur ticis aprakts. Darbinieki bija mēģinājuši nelaimē nokļuvušo atbrīvot no smiltīm. VUGD palīdzējis cietušo izcelt no tranšejas. Cietušā stāvoklis tika vērtēts kā vidēji smags – guvis ķermeņa sasitumus un pleca locītavas bojājumu un ribu lūzumus. Viņš kādu brīdi atradies zem smiltīm, kā rezultātā radies skābekļa trūkums, tāpēc galvenais ir atbrīvot cietušā galvu, lai viņš spētu elpot.

Savukārt Jēkabpilī 2009.gada 7.septembrī pie mājas Latgales ielā tika rakta tranšeja, lai nomainītu kanalizācijas caurules. Brīdī, kad vīrietis atradās tranšejā, notika nogruvums un tika apbērts ar smiltīm 2m dziļumā. Glābēji atraka nogruvumu – vīrietis jau bija miris, bet 2010.gada 6.aprīlī Krāslavas novadā Ķepovas pagasta padomes atbildīgais par ūdens apgādi, veicot ūdensvada remontdarbus tranšejā, gāja bojā, nobrūkot tranšejas malai. [3; 3–5]

Jāpiemin arī bērnu rotaļas smilšu bedrēs un kapa vietu rakšana, jo pirmajā gadījumā vecāki bieži vien nepievērš uzmanību, ka viņu atvases smilšu bedrēs rok tuneļus, alas, kā rezultātā, bērni tiek aprakti un iet bojā, bet kapa vietu racēji veic savu darbu, pārkāpjot darba aizsardzības prasības, tādējādi radot pastiprinātus draudus savai un kolēģu veselībai, dzīvībai. Jāmin 17 gadus vecā jaunieša fantastiskā izglābšanās Kalifornijā, kur viņš, pludmalē rokot tuneli, tika apbērts 2,13 m dziļumā zem pludmales smiltīm. Glābēji jaunieti atrakuši tikai pēc 30 min – bezsamaņā, bet dzīvu.[29]

Dažkārt arī dzīvnieki iekrīt tranšejās un pašu spēkiem nevar izkļūt no aizsprosta, proti, 2011.gada 20.septembrī plkst.18:53 VUGD saņēma informāciju, ka Daugavpilī pie dzīvojamās mājas Komunālajā ielā izraktajā tranšejā ir iekritusi govs. [28]

Nogāžu procesi attīstās arī kultūrvēsturiskās vietās, tādējādi apdraudot to pastāvēšanu.

Turaidas pilskalnā 2002.gada 7. un 8.februārī izveidojās divi lieli grunts noslīdējumi aptuveni 30000m$^2$ apjomā. Nogruvumi notika rietumu pusē pie apaļā torņa, aptuveni 2,5m attālumā no pils mūra. Nogruvums bija 40m platumā un 100 m garumā, un pils bija apdraudēta 50m rādiusā. 50m dienvidu virzienā pa nogāzes augšējo malu (mākslīgi uzbērtajā gruntī) ir vērojams agrāk veidojies noslīdenis. Novērots vertikāls nogruvums 3 – 4m biezumā. Tie apdraudēja Turaidas pils rietumu torņa un rietumu aizsargsienas pastāvēšanu. Galvenais Turaidas pilskalna nogruvumu iemesls bija nenovadītie nokrišņu un kūstošā sniega ūdeņi. Tāpat speciālisti atzina, ka neesot informācijas, vai 14.gadsimta celtnieki to būvējuši uz smiltsakmens pamatiežiem vai uz mākslīga uzbēruma. Pēc nogruvumiem pat tika izveidota valdības darba grupa avārijas seku likvidācijai. [24] [25] [26]

Bauskas pilsdrupas atrodas uz pilskalna, kas veido stāvu nogāzi pret Mēmeles upi. Nogāze balstās uz 3 – 4m augstas dolomīta klints, kurā ledus, ūdens straumes un erozijas ietekmē ir izveidojušies līdz 3,7 m dziļi izgrauzumi. Patlaban nogāzes lejasgals atrodas uz dolomīta klints konsoles, kas jebkurā mirklī var nolūzt un izraisīt katastrofālu nogāzes noslīdēšanu ar tam sekojošu pils sienu sabrukšanu. Pēc sevišķi spēcīgām lietavām 2001.gadā Mēmeles upes nogāzē pie Bauskas pils jau izveidojās trīs noslīdeņi un pilsdrupu sienu iebrukuma draudi. [3; 4] [25]

Literatūras avoti, tai skaitā, gan latviešu, gan arī cittautiešu valodās, sniedz vispārēju informāciju par ģeoloģiskajiem procesiem, kur tiek arī koncentrēti raksturoti nogāžu procesi un to veidošanās īpatnības. Valsts valodā pieejamie informācijas avoti galvenokārt ir Ministru kabineta noteikumi un dažas atgādnes par zemes darbu veikšanu. Toties neviens no pieminētajiem avotiem nesniedz jebkādu informāciju par darba aizsardzības prasībām, veicot glābšanas darbus nogruvumos, noslīdeņos un nobirās, neapraksta un neattēlo glābšanas darbu veikšanas paņēmienus nogāžu procesu skartajās vietās.

VSIA „Latvijas, Vides, ģeoloģijas un meteoroloģiskais centrs" informēja, ka finansiālu apstākļu dēļ Latvijā nogāžu procesu izpēte nenotiek, bet novērojumi par noslīdeņiem – netiek veikti. Toties savulaik veiktie izpētes darbi Turaidas pilskalnā ir bijis tikai izņēmums, taču problemātisku vietu Latvijā ir pietiekami daudz (jūras stāvkrasti, derīgo izrakteņu ieguves dziļo karjeru borti, Gaujas ieleja (augšpus Cēsīm, starp Cēsīm un Siguldu), Salacas vidustecē, Daugavas un Abavas krastos).

Nogruvumi, nobiras un noslīdeņi rada pastāvīgus draudus cilvēku darbībai, būvju ekspluatācijai un būvniecībai, tāpēc nepieciešams pārzināt šo procesu novēršanas pasākumus un drošus darba paņēmienus šo norišu skartajās vietās.

## 1.2. Nogāžu procesi un tos ietekmējošie faktori

Vispārīgas ģeoloģiskas problēmas un ģeoloģiskos procesus pēta dinamiskā ģeoloģija, izsekojot, kā dažādu faktoru ietekmē veidojas ieži, kā mainās to saguluma apstākļi un uzbūve, kā ieži tiek noārdīti, kā noārdīšanās produkti tiek pārvietoti un dažādos apstākļos uzkrāti, veidojot jaunus iežus un vienlaicīgi izmainot Zemes virsmas reljefu. [1; 98– 99]

Nogāzes ir mainīgs un dinamisks reljefa elements. Morfoloģiski tās mainās no kraujām kalnu nogāzēm līdz pat plakaniem priekškalnu nolaidenumiem. Laika gaitā un dažādu faktoru iedarbībā pa tām tika pārvietots milzīgs nogulumu un augsnes daudzums gravitācijas un citu eksogēno spēku ietekmē un pastāv daudzējādas nogāžu noturības zaudēšanas formas. (skatīt 1.3.tabulu).

1.3.tabula

Nogāžu noturības zaudēšanas formas

| Noturības zaudēšanas formas | Deformācijas raksturojums |
|---|---|
| 1 | 2 |
| Nogruvumi un izgruvumi | Krišana un velšanās |
| Sagrūšana ar nobīdi un rotāciju | Masīva pārvietošanās pa virsmu ar mazāko noturības rezervi ar nelielu pagriešanos ap vertikālo asi. |
| Slīde | Pārbīde pa plakni: slāņiem, lūzumiem, senām pārbīdēm. |
| Nošķēlums pie grunts sēšanās | Nosēšanās ar sānisku nobīdi. |
| Noslīdenis – pārbīde | Sāniski izraisīta spiediena gandrīz horizontāla pārvietošanās pa vāju starpslāni. |
| Noslīdēšana | Virsējā slāņa noslīdēšana pa nelīdzenu sagulslāņkopu. |
| Noplūšana | Pārmitrās grunts virsmas noplūšana. |
| Plastiskā un valkanā deformācija | Deformācija mālainā slāņkopā kā plastiskā un viskozā ķermenī. |
| Sekulāra nogāzes pārveidošanās | Virsmas efekti, kas saistīti ar fiziskiem procesiem. |
| Katastrofāla | Strauja stāvuma atkāpšanās klinšainos iežos ar plašu plaisainības attīstību. |

Nogāzes tieši vai netieši ietekmē cilvēka darbību. To slīpums un stabilitāte nosaka piemērotību lauksaimniecībai, mežsaimniecībai vai apdzīvojumam. Cilvēku darbība var izraisīt nogāžu procesa aktivizēšanos, pat dabas katastrofas. Nogāžu procesi ir sensibli pret klimata hidrogrāfiskā tīkla, pazemes ūdeņu režīma izmaiņām, zemes seguma un zemes lietojuma veida izmaiņām un tos ietekmē daudzveidīgi faktori.

Nogāžu procesus ietekmē dažādi cēloņi:

1. Ģeoloģiskie cēloņi:
   1.1. materiāli bez ciešām saitēm;
   1.2. erodēts (dēdēts) materiāls;
   1.3. sadalīts, salikts, saplaisājis vai rievots materiāls;
   1.4. pārtraukums materiālu struktūrā ar nelabvēlīgu ietekmi;
   1.5. kontrasti materiālu caurlaidībā un/vai stiprībā.
2. Morfoloģiskie cēloņi:
   2.1. tektoniskie vai vulkāniskie pacēlumi;
   2.2. upes, viļņu vai ledus erozija nogāzes lejas daļā vai sānu malās;
   2.3. apakšzemes erozija;
   2.4. slodzes uzkrāšanās slīpumā vai kalna korē;
   2.5. augu valsts iznīkšana (ugunsgrēks, sausums);
   2.6. atkušņi;
   2.7. sala – atkušņa erozija;
   2.8. saraušanās – uzbriešanas erozija.
3. Cilvēciskie cēloņi:
   3.1. slīpumu norakšana (ekskavācija);
   3.2. slīpuma (nogāzes) slodze;
   3.3. ūdens līmeņa pazemināšana ūdens krātuvē;
   3.4. mežu izciršana;
   3.5. apūdeņošana (irigācija);
   3.6. kalnrūpniecība, izrakteņu ieguve;
   3.7. mākslīgā vibrācija (no mašīnām, iekārtām, ierīcēm, transporta, spridzināšanas darbiem);
   3.8. ūdens sūces no komunikācijām.

Jāņem vērā, ka vairums gadījumu uz notiekošo procesu ir iedarbojušies vai to veicinājuši faktoru kopums un tādējādi vienlaikus var attīstīties vairākas nogāžu noturības zaudēšanas formas, kas šos procesus dara vēl bīstamākus.

Pēc pārvietošanās ātruma visi nogāžu procesi var būt:
   a) sevišķi ātri (3 m/s);
   b) ļoti ātri (0,3 m/min);
   c) ātri (1,5 m/diennaktī);
   d) vidēji ātri (1,5 m/mēnesī);
   e) ļoti lēni (1,5 m/gadā);
   f) sevišķi lēni (0,06 m/gadā). [3; 8–10] [13; 6] [15; 2–9] [22; 7–20]

## 1.3. Nogāžu procesu klasifikācija

Eksogēnos jeb ārējos ģeoloģiskos procesus izraisa atmosfēras, hidrosfēras un biosfēras faktori un Zemes gravitācijas spēks, iedarbojoties uz Zemes garozas virskārtas iežiem. Šajos procesos tiek izmantota galvenokārt enerģija, ko Zeme saņem no Saules siltumstarojuma veidā. Ārējie procesi norisinās praktiski visur un vienmēr, un inženierģeoloģisko apstākļu veidošanā tiem ir sevišķi liela nozīme. Jebkurš eksogēnais ģeoloģiskais process atkarīgs no attiecīgā iežu masīva īpatnībām un savukārt pats nogāzes process izmaina šī iežu masīva īpašības, samazinot vai arī palielinot tā stiprību un stabilitāti. Ikviens eksogēnais ģeoloģiskais process attīstās sarežģītā saistībā ar citiem procesiem. Izdalīt noteicošo ģeoloģiskā procesa attīstības faktoru ir svarīgs praktisks uzdevums, jo no tā atkarīga mērķtiecīga pasākumu izvēle, lai īstenotu novēršanas pasākumus pret nevēlamiem ģeoloģiskiem procesiem un to izraisītajām parādībām.

Nogāžu procesi ir ģeoloģisko procesu sastāvdaļa, kas jāņem vērā cilvēku saimnieciskās darbības laikā, iedarbojoties uz ģeoloģisko vidi, to ietekmējot un izmainot.

Nogāžu procesu iedalījumu skatīt 1.3.attēlā. [1; 99–101]

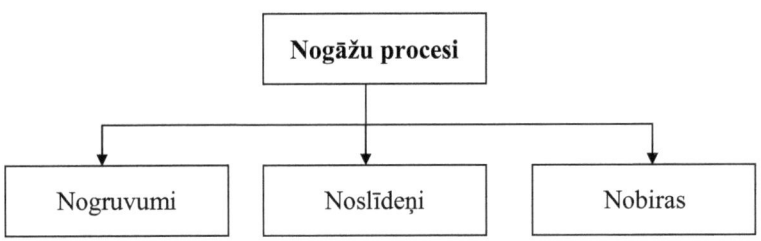

1.3. att. Nogāžu procesu klasifikācija

### 1.3.1. Nogruvumi, to veidošanās un klasifikācija

Par nogruvumu sauc iežu masīva atdalīšanos un ātru pārvietošanos lejup pa stāvu krauju, daļu ceļa veicot ar pārmetienu gaisā. Atsitoties pret kraujas apakšējo daļu, iežu masīvs var sadrupt mazākos gabalos. Nogruvumu paveidu, kad iežu bloki vai atsevišķi akmeņi atdalās no vertikālas sienas un krīt līdz pakājei, neatsitoties pret nogāzi, sauc par izgruvumu.

Nogruvumi veidojas stāvās (vairāk par 45°) jūras un upju krastu, aizu, būvbedru un karjeru nogāzēs, kuras veido cietie ieži – kaļķakmeņi, smilšakmeņi. Bieži nogruvumus veido arī atsevišķi laukakmeņi vai cementētu iežu gabali, kas atrodas starp mīkstāku iežu slāņiem.

Nogruvumi, protams, plašāk izplatīti kalnu rajonos, kur tie rada pastāvīgus draudus cilvēku darbībai un būvju ekspluatācijai, taču jebkuri rakšanas darbi tiek uzskatīti par bīstamiem, ja netiek ievēroti droši darba principi un darba aizsardzības prasības, veicot zemes darbus.

Dažu nogruvumu kustība ir lēna un to radītie zaudējumi – pakāpeniski, turpretī citi pārvietojas ļoti ātri un var nodarīt lielus materiālos zaudējumus lauksaimniecībai un ir cilvēku upuri.

## Nogruvumu veidošanās

Nogruvumu veidošanās cēlonis ir saplaisājušu iežu masas līdzsvara zudums stāvā nogāzē, kurš rodas pastāvīgā smaguma spēka un īslaicīgu vai periodisku ūdens hidrostatisko spēku iedarbībā, kā arī seismisko vai mākslīgo satricinājumu rezultātā. Nogruvuma parādības visbiežāk vērojamas lietus un atkušņu periodos, kad iežu plaisas atbrīvojas no ledus.

Liela nozīme nogruvuma veidošanā ir tektoniskajām un atskaldnības plaisām, īpaši tām, kas orientētas ar kritumu nogāzes virzienā. Tālāka iežu masīva plaisāšana un plaisu paplašināšanās saistīta ar fiziskās dēdēšanas procesiem. Nogruvumu rašanās bieži saistīta ar cilvēku darbību: stāvu nogāžu ierīkošanu, nerēķinoties ar iežu plaisainību, un slāņu saguluma veidu, mākslīgu ūdenskrātuvju ierīkošanu, spridzināšanas darbiem. [1; 200–201]

## Nogruvumu klasifikācija

Nogruvumi var tikt klasificēti daudz dažādos veidos, ņemot vērā to plašos raksturus un daudzveidību. Jāpiebilst, ka dažas no nogruvumu klasifikācijām ir specifiskas konkrētai zemei atkarībā no tās ģeoloģijas, taču jebkurai sistematizācijai vajadzētu paredzēt optimālākās metodes nogruvumu veidu atpazīšanā, tādējādi palīdzot noteikt nepieciešamos neatliekamo nogāžu procesu seku likvidēšanas vai mazināšanas pasākumus.

Nogruvumus klasificē pēc to kustības veida:
1) Noslīdēšana – iežu kustība pa nogāzi, kur materiāls pārvietojas pa vienu vai vairākām virsmām. Noslīdēšana var būt rotējoša (kad slīdvirsma ir izliekta) vai īslaicīga (ja slīdvirsma ir daudzmaz taisna) (skatīt 1.pielikuma „A" attēlu).
2) Nogrūšana – ātra grunts masu pārvietošanās pa nogāzi, kur iežu daļas lielāko daļu kustības veic gaisā, ieskaitot brīvās krišanas kustību ar lēcieniem un ripošanu. Nogrūšana sākas ar atdalījušos materiālu no stāvas virsmas un līdztekus var attīstīties ar noslīdēšanu vai noplūšanu. (skatīt 1.pielikuma „B" attēlu).

3) Nogāšanās – strauja augsnes un pamatiežu daļu kustība pa nogāzi, kas veidojas stāvos krastos, kraujās un vietās, kur pamatieži veido dabiskas/mākslīgas pārkares. Nogāšanos nepavada citi iežu sagrūšanas veidi. (skatīt 1.pielikuma „C" attēlu).

4) Noplūšana – kustība pa nogāzi, kas atgādina viskozu šķidrumu kustību, jo dažādie ieži ir pilnīgi sadalījušies un ūdens ir neatņemams komponents procesa norisei. Plūstošo masu ātrums parasti samazinās, pieaugot slāņa biezumam. (skatīt 1.pielikuma „D" attēlu).

5) Sānu izvērse – kustība, kam raksturīga sāniska paplašināšanās virspusējā cietā ieža ietekmē, deformējot mīkstāko iežu slāni. (skatīt 1.pielikuma „E" attēlu).

Nogruvumi tiek klasificēti pēc to materiāla veida:
1) pamatiežu;
2) sanešu iežu;
3) melnzemes. [ 3; 11–12] [13; 5] [14; 5–7] [16; 8–14]

## 1.3.2. Noslīdeņi, to veidošanās un klasifikācija

Par noslīdeni sauc iežu masīvu, kas, atšķēlies no nogāzes, slīd vai ir noslīdējis pa to. Noslīdēšanu izraisa iežu masīva līdzsvara zudums nogāzē, kad gravitācijas spēki pārsniedz iežu masīva iekšējās stiprības spēkus.

Latvijas teritorijā noslīdeņi sastopami atsevišķās vietās Gaujas ielejā (augšpus Cēsīm, starp Cēsīm un Siguldu), Salacas vidustecē, Daugavas un Abavas krastos.

Būvju projektēšanas un būvdarbu laikā nepieciešams novērtēt dabisko un mākslīgo nogāžu stabilitāti, atklāt noslīdeņu procesa sākšanās pazīmes un arī senāk noslīdējušo iežu masīvus.

### Noslīdeņu veidošanās un to pazīmes

Par noslīdeņu pazīmēm noder tiem raksturīgie morfoloģiskie elementi. Raksturīga noslīdeņu pazīme ir pazemes ūdeņu izplūšana un dažu nogāzes daļu pārpurvošanās.

Par iežu noslīdēšanas pazīmēm var kalpot arī dažādu būvju – dzelzceļa uzbērumu, kāpņu, aku deformācijas. Noslīdenis rada ne tikai nogāzes virsmas reljefa, bet arī iežu saguluma apstākļu izmaiņas. Salīdzinājumā ar neskarto iežu masīvu noslīdeņa ķermenī attiecīgie iežu slāņi novietojas zemākā līmenī, slāņiem izmainās kritums virziens vai slīpums, ko var novērot atsegumos.

Nogāzes stabilitāti raksturo noturošo un nobīdošo spēku attiecība. (skatīt 1.4.attēlu). Noturošos spēkus veido grunts struktūras saišu spēki, bet vāji saistītajās un nesaistītajas gruntīs arī iekšējās berzes spēki. Grunts iekšējās berzes spēki ir tieši

11

proporcionāli grunts smaguma spēka P komponentei N, kas perpendikulāra nogāzei. Nobīdošos spēkus var papildināt pazemes ūdeņu plūsmas hidrodinamiskais spiediens, seismiskā paātrinājuma radītais spiediens.

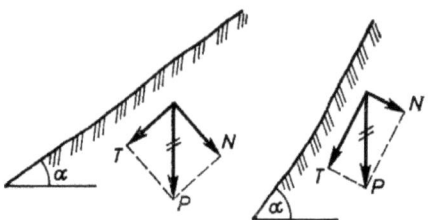

1.4. att. Grunts smaguma spēka P sadalīšana komponentēs atkarībā no nogāzes stāvuma:
N– nogāzei perpendikulārā smaguma spēka komponente,
T– nogāzei paralēlā smaguma spēka komponente,
α– nogāzes virsmas slīpuma leņķis.

Nobīdošie spēki darbojas katrā nogāzē, tomēr līdzsvara zudums un noslīdēšana var sākties noteiktos apstākļos:
- palielinājies nogāzes stāvums;
- samazinājusies iežu stiprība;
- palielinājusies iežu masa;
- iedarbojas hidrodinamiskais spiediens;
- iedarbojas ārējās statistiskās vai dinamiskās slodzes.

Nogāzes stāvums ir viens no svarīgākajiem noslīdeņu cēloņiem, jo nobīdošais spēks T pieaug, palielinoties nogāzes stāvumam. Ja nogāzes apakšējo daļu izskalo upes vai jūras ūdeņi, vai arī tā tiek mākslīgi norakta, nogāzē var sākties noslīdeņa process. [1; 202–209].

Noslīdeņa attīstību var veicināt šādi faktori:
- nogāzes stāvums;
- nogāzes sēšanās liela mitruma dēļ;
- nogāzes stāvuma palielināšanās ūdens izskalošanas dēļ;
- cieto iežu izturības samazināšanās dēdēšanas vai izskalošanas rezultātā;
- grunts slāņkopā (masīvā) esošie atmiekšķējušies māli, plūstošās smiltis un ledus gabali;
- ūdensnecaurlaidīgu (mālainu) un ūdenscaurlaidīgu (smilšu – grants, plaisainu, kaļķainu) iežu mainīšanās;
- grunts slāņa novietojums ar slīpumu nogāzes virzienā;
- plaisas iežos;
- seismiskas aktivitātes.

Katrs no minētajiem procesiem un spēkiem var izraisīt noslīdeņa procesu. Visbiežāk gan novērojama vairāku faktoru vienlaicīga darbība. Noslīdeņi veidojas ne tikai dabiskajās, bet bieži arī mākslīgajās dambju, uzbērumu, būvbedru un karjeru nogāzēs.

Būtisks noslīdeņu cēlonis ir nogāzes iežu stiprības (pretestības bīdei) samazināšanās, kas saistīta ar iežu fizikālo un mehānisko īpašību izmaiņām dēdēšanas, samitrināšanās, atkušanas un citos procesos. Noslīdeņa procesa attīstībai visraksturīgākie apstākļi ir nogāzēs, kuras veido mālieži – māls, smilšmāls, less – vai arī kurās sastopami šo iežu starpslāņi. Iežu samitrināšanos izraisa atmosfēras nokrišņi, virszemes un pazemes ūdeņi, kas vienlaikus palielina arī iežu masu un līdz ar to pieaug gravitācijas spēks. [1; 205–206]

Analītiski iespējams noteikt noslīdeņa gadījumā radīto specifisko risku ēkām un cilvēkiem ēkās. (skatīt 1.5. un 1.6.attēlu).

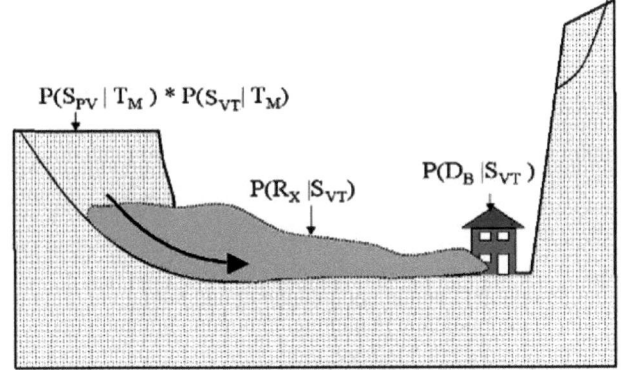

1.5. att. Shematisks specifiskā riska attēlojums ēkām

$$R_S = P(S_{PV} \mid T_M) \cdot P(S_{VT} \mid T_M) \cdot P(R_X \mid S_{VT}) \cdot P(D_B \mid S_{VT}) \cdot C_B \qquad (1)$$

kur:

$R_s$ – specifiskais risks ēkām.

$P(S_{PV} \mid T_M)$ – telpiska varbūtība. Nogruvuma uzsākšanas nosacīta varbūtība ar konkrētu apjomu un veidu noteiktā vietā, ņemot vērā to veicinošus apstākļus (lietusgāzes, zemestrīce) ar noteiktu lielumu/intensitāti.

$P(S_{VT} \mid T_M)$ – laika varbūtība. Nogruvuma uzsākšanas nosacīta varbūtība ar konkrētu apjomu un veidu, ņemot vērā to veicinošus apstākļus ar noteiktu lielumu/intensitāti noteiktā laika periodā.

$P(R_X \mid S_{VT})$ – nosacīta varbūtība, ka tiks nosegta inerces kustības zona ar attālumu X līdz ēkai, ņemot vērā nogruvuma ar konkrēto apjomu un veidu rašanos.

$P(D_B \mid S_{VT})$ – ēkas konstrukciju bojājumu nosacīta varbūtība, ņemot vērā nogruvuma ar konkrēto apjomu un veidu rašanos.

13

$C_B$ – konkrētās ēkas nomaiņas izmaksas.

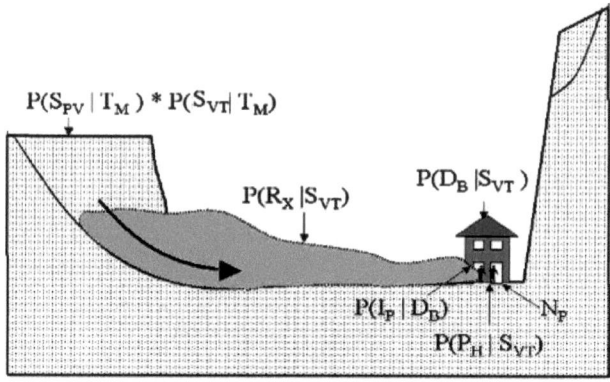

1.6.att. Shematisks specifiskā riska attēlojums cilvēkiem ēkās

$$R_S = P(S_{PV} \mid T_M) \cdot P(S_{VT} \mid T_M) \cdot P(R_X \mid S_{VT}) \cdot P(D_B \mid S_{VT}) \quad (2)$$
$$\cdot P(I_P \mid D_B) \cdot P(P_H \mid S_{VT}) \cdot N_P$$

kur:

$R_s$ – specifiskais risks cilvēkiem ēkās.

$P(S_{PV} \mid T_M)$ – telpiska varbūtība. Nogruvuma uzsākšanas nosacīta varbūtība ar konkrētu apjomu un veidu noteiktā vietā, ņemot vērā to veicinošus apstākļus (lietusgāzes, zemestrīce) ar noteiktu lielumu/intensitāti.

$P(S_{VT} \mid T_M)$ – laika varbūtība. Nogruvuma uzsākšanas nosacīta varbūtība ar konkrētu apjomu un veidu, ņemot vērā to veicinošus apstākļus ar noteiktu lielumu/intensitāti noteiktā laika periodā.

$P(R_X \mid S_{VT})$ – nosacīta varbūtība, ka tiks nosegta inerces kustības zona ar attālumu X līdz ēkai, ņemot vērā nogruvuma ar konkrēto apjomu un veidu rašanos.

$P(D_B \mid S_{VT})$ – ēkas konstrukciju bojājumu nosacīta varbūtība, ņemot vērā nogruvuma ar konkrēto apjomu un veidu rašanos.

$P(I_P \mid D_B)$ – cietušo vai mirušo personu nosacīta varbūtība šajā mājā, ņemot vērā ēkas bojājuma pakāpi ar minētā nogruvuma apjomu un veidu.

$P(P_H \mid S_{VT})$ – ēkā atrodošo personu nosacīta varbūtība, ņemot vērā diennakts laiku, kad notiek vai procentuālais cilvēku skaits šajā ēkā, ņemot vērā diennakts laiku.

$N_P$ – cilvēku skaits ēkā. [14; 8–10]

Pastāv daudzējāda iegūtā rezultāta riska interpretācija, jo nogāžu procesu izraisīto notikumu riska novērtēšanā un aprēķinos nav kopējas, sistemātiskas pieejas un kvantitatīvo rādītāju noteikšanai ir tikai empīriska nozīme, jo tie parasti iegūti no ekspertu atzinumiem, un nav arī vienota riska noteikšanas analītiskā vienādojuma. Dažus no riska noteikšanas analītisko vienādojumu piemēriem skatīt 2.pielikuma „A" attēlā. [17; 8–13]

Pasaulē nogāžu procesu izraisīto notikumu novērtēšana un modelēšana galvenokārt notiek automatizēti, izmantojot dažādas ierīces ar šim nolūkam izstrādātām izpētes programmām. (skatīt 2.pielikuma „B" attēlu). [14; 28–33]

Daži noslīdeņi veidojas katastrofāli pēkšņi, citi – lēni, ar progresējošu vai aprimstošu ātrumu.

Noslīdeņu veidošanās procesā var izdalīt trīs stadijas:

1. sagatavošanās stadija, kad izmainās iežu īpašības un samazinās to stabilitāte;
2. noslīdēšana;
3. noslīdeņu stabilizēšana.

Sagatavošanās stadija var ilgt mēnešiem un gadiem, bet noslīdēšana var sākties pēkšņi. Ilgstošas sagatavošanās stadijas laikā procesa attīstība ir nevienmērīga atkarībā no klimata, hidroloģiskajām un citām apkārtējās vides izmaiņām.

Noslīdēšana var notikt ātri vai lēni, pakāpeniski vai ar pārtraukumiem un vēlāku aktivizēšanos, ko nosaka dabiskie vai mākslīgie apstākļi – vētra jūrā, pali upē, ūdenskrātuves piepildīšana, zemestrīces, ēku un būvju būvniecība. Pārvietojoties noslīdenis var mainīt virzienu, sastopot ceļā šķērsli.

Trešajā stadijā stabilitāte atjaunojas (ja vien nerodas jauni apstākļi, kas izmaina izveidojušos līdzsvaru). [1; 202–209]

Noslīdeņu klasifikācija

1. Pēc materiāla noslīdeņi iedalās:
   a) akmeņaino iežu;
   b) augsnes slāņa;
   c) jaukti.
2. Pēc apjoma noslīdeņi var būt:
   a) mazi (10 tūkst. m$^3$);
   b) vidēji (no 10–100 tūkst. m$^3$);
   c) lieli (no 100 tūkst.–1 milj. m$^3$);
   d) ļoti lieli (vairāk par 1 milj. m$^3$).
3. Pēc aktivitātes noslīdeņi var būt:
   a) aktīvi;
   b) neaktīvi.
4. No saturošā ūdens daudzuma noslīdeņi klasificējas:
   a) sausi;
   b) vidēji mitri;
   c) loti mitri.
5. Pēc noslīdeņu veidošanās vietas noslīdeņi var būt:
   a) kalnu;
   b) ūdens akvatoriju krasti;

c) zemūdens;
d) sniegotas nogāzes;
e) mākslīgās zemes būves (kanāli, būvbedres). [3;15–16]
6. Atkarībā no nogāzes uzbūves īpatnībām un slīdvirsmas stāvokļa izšķir:
   a) konsekventos noslīdeņus;
   b) asekventos noslīdeņus;
   c) insekventos noslīdeņus.

Konsekventie noslīdeņi veidojas iežu blokiem vai masām noslīdot pa slāņa kontaktvirsmu, māliežu starpslāni, pamatiežu virsmu, sasalušu iežu virsmu, plaisām, kas noliektas nogāzes virzienā. Konsekventie noslīdeņi ir visizplatītākie. (skatīt 1.7.attēla „b" zīm.).

Asekventie noslīdeņi veidojas vienveidīgos neslāņainos māliežos. Noslīdeņa slīdvirsmai ir liekta forma. (skatīt 1.7.attēla „a" zīm.)

Insekvento noslīdeņu slīdvirsma šķērso iežu slāņojumu. Šādu noslīdeņu izcelsmei ir dažādi cēloņi – iežu konsistences izmaiņas, hidrodinamiskais spiediens, sufozijas procesi. (skatīt 1.7.attēla „c" zīm.) [1; 207–208]

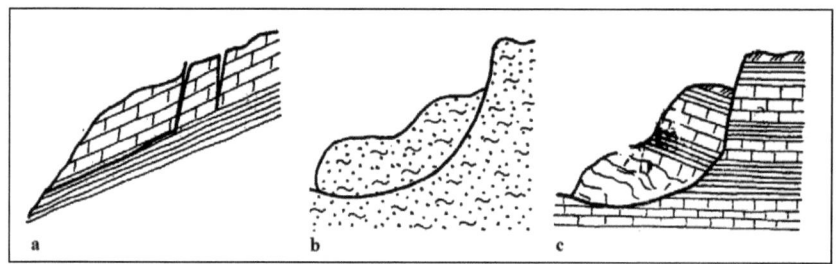

a – asekventais, b – konsekventais, c – insekventais
1.7. att. Noslīdeņu tipi

Teorētiski ir ļoti daudz paņēmienu un iespēju prognozēt noslīdeņus, piemēram, tālraides detektori, kas ievietoti noslīdeņos, kuriem seko satelīti vai noslīdeņu procesu vērtē atkarībā no gruntsūdens līmeņu svārstībām, taču šodien Latvijā nav šādu vai līdzīgu pētniecības programmu, jo nav finansējuma.

## 1.3.3. Nobiras un to veidošanās

Nobiras veido drupu materiāls, kas uzkrājas uz nogāzēm un gravitācijas spēku iedarbībā pārvietojas lejup. Cietie plaisainie ieži intensīvas fiziskās dēdēšanas apstākļos pārvēršas atsevišķos stūrainos blukos, šķembās, zvirgzdos, smilšu un putekļu materiālā. Drupu materiāla sastāvdaļu izmēri ir atkarīgi no dēdēšanas procesu intensitātes un iežu petrogrāfiskā sastāva. Granīti un citi masīvie magmatiskie ieži

16

nogāzēs veido blāķus ar diametru līdz vairākiem metriem un šķembas, bet mazāk izturīgākie ieži – veido šķembas, zvirgzdus un smilšmālu materiālu.

Nobiru slāņa biezums var sasniegt vairākus metrus, lielāks tas ir nogāzes pakājē, kur nobiras veido atsevišķus konusus vai vaļņus ar augstumu līdz 30 m un lielāku.

Nobiru virsmas slīpums veidojas atbilstoši nobiru materiāla dabiskās nogāzes leņķim, kas atkarībā no berzes starp nobiru sastāvdaļām mainās robežās no $25^{\circ} - 40^{\circ}$. Jo rupjāks nobiru materiāls, jo stāvāka veidojas nogāze.

Kad materiāla uzkrāšanās rezultātā nobiru virsmas slīpums pārsniedz dabiskās nogāzes leņķi, materiāls pārvietojas, izlīdzinoties līdz stabilam stāvoklim. Piemēram, pēdējos gados, attīstoties vietējā kurināmā (šķeldai), izmantošanai apdzīvotu vietu tuvumā vai pat tajās, tiek uzbērtas lielas šķeldu kaudzes ar stāvām nogāzēm, kas rada apdraudējumu apdzīvotās vietas iedzīvotājiem.

Nobiru kustīgumu raksturo ar kustīguma koeficientu (k), ko izsaka ar šādu attiecību:

$$k = \frac{\alpha}{\varphi}, \tag{3}$$

kur:

$\alpha$ – nogāzes virsmas slīpuma leņķis;

$\varphi$ – nobiru materiāla dabiskās nogāzes leņķis.

Nobiras ir ļoti aktīvas, ja $k > = 1$, bet, ja $k < 0,5$, nobiras ir relatīvi nekustīgas. Mazkustīgas un nekustīgas nobiras visbiežāk apaug ar zāli vai pat mežu.

Nobiru kustības ātrumi ir dažādi – no dažiem centimetriem līdz dažiem desmitiem metru gadā, kas atkarīgs no materiāli daudzuma un raupjuma, nogāzes slīpuma, mitruma. To kustības ātrumi ir atšķirīgi arī dažādos vertikālā griezuma dažādos slāņos: ar lielāku ātrumu pārvietojas nobiru virsējais slānis (to virskārta var pārvietoties ātrāk par 1m/gadā), bet dziļākie slāņi un viss masīvs kopumā var pārvietoties 0,15 m/gadā.

Nobiru pārvietošanos izraisa ūdens sasalšana un atkušana, lietusgāzes, zemestrīces, nobiru novākšana nogāzes lejasdaļā, satricinājumi, ko rada būvniecības tehnika vai transportlīdzekļu kustība, cilvēku un/vai dzīvnieku pārvietošanās pa nobiru virsmu, krītoši akmeņi, vējš. Nobiru kustību veicina arī nogāzēs izveidojušies pazemes ūdeņu avoti. [1; 201–202]

## 1.4. Nogruvumu, nobiru un noslīdeņu novēršanas pasākumi

Cilvēku saimnieciskās darbības izvēršanās nogāzēs izraisa nogruvumu, nobiru un noslīdeņu procesu aktivizēšanos, kas ievērojami apsteidz nostiprināšanas pasākumu pozitīvos rezultātus. Tādēļ šo procesu novēršanas pasākumi uzskatāmi par svarīgiem apkārtējās vides aizsardzības pasākumiem. Visefektīvākais ir vairāku paņēmienu kompleksa lietošana ar mērķi novērst nogāzes procesus veicinošos cēloņus, nevis slīdošo masu nostiprināšanu.

Nogruvumu primārais novēršanas pasākums ir nepieļaut darbu veikšanu nenostiprinātās nogāzēs, tranšejās un/vai būvbedrēs, ievērojot izraktās grunts novietošanas attālumus no tranšejas/un vai būvbedres malas un tās nostiprināšanu.

Atkarībā no apstākļiem nobiru novēršanas pasākumi paredz krūmāju un mežu audzēšanu nogāzēs, virszemes un pazemes ūdeņu noteces regulēšanu nobiru veidošanās vietās, nogāzēs stāvuma samazināšanu, novācot drupu materiālu, atbalstsienu un vairogu ierīkošanu.

Visus noslīdeņu novēršanas pasākumus iedala pasīvajos un aktīvajos pasākumus.

Pasīvie pasākumi paredz dažādus inženiertehniskās un saimnieciskās darbības ierobežojumus nogāzēs, kuru inženierģeoloģiskie apstākļi ir nelabvēlīgi nogāzes stabilitātei.

Šādi ierobežojumi var būt:

- nogāžu tuvumā ierīkot ceļus;
- pārvietoties ar transportlīdzekļiem;
- aizliegums iznīcināt augu segu un izcirst kokus;
- ganīt lopus un veikt saimniecisko darbību nogāzes tuvumā;
- ierīkot mākslīgo apūdeņošanu un ievadīt notekūdeņus;
- celt jebkādas būves;
- ierīkot grunts uzbērumus;
- veidot karjerus un citus ierakumus;
- veikt spridzināšanas darbus.

Par vienu no svarīgākajiem profilaktiskajiem pasākumiem nogāžu stabilizēšanā uzskatāma augu segas saglabāšana, jo augu valstij ir liela nozīme nokrišņu infiltrācijas regulēšanā un iežu nosusināšanā transpirācijas veidā, un augu saknes nostiprina irdenos iežus, aizsargā tos pret eroziju un dziļa sezonālā sasaluma veidošanos.

Pie pasīvajiem pasākumiem pieder arī regulāra nogāžu apsekošana, pazemes ūdeņu režīma novērošana speciāli ierīkotos urbumos, aizsargbūvju stāvokļa pārbaude un remonts. Daudzos gadījumos pasīvie profilaktiskie pasākumi ir pietiekami, lai nodrošinātu nogāzes stabilitāti.

Aktīvie pasākumi paredz dažādus inženiertehniskos paņēmienus grunšu nostiprināšanai un atbalstīšanai, kā arī noslīdeņa iežu norakšanu.

2003.gada vasarā pie Bauskas pilsdrupām vienā no iepriekšējām noslīdējuma vietām paveikti primārie nostiprināšanas darbi – pilskalna nogāze nostiprināta ar akmeņu krāvumu, taču nostiprinājuma konstrukcija jāturpina pilnveidot. Nogāzes nostiprināšanai izlietoti 52 m$^3$ laukakmeņu, un to sastiprināšanai nav izmantota java. [25]

Lai novērstu vai samazinātu lietus un sniega kušanas ūdeņu infiltrāciju nogāzes iežos, regulē virszemes noteci. Šim nolūkam nolīdzina nogāzes virsmu, aizdara plaisas, ierīko grāvjus vai koka, akmens vai betona renes virszemes ūdens savākšanai un aizvadīšanai ārpus nogāzes.

Noslīdeņu novēršanas pasākumi nav iedomājami bez iežu nosusināšanas. To organizē, gan pazeminot pazemes ūdeņu līmeni vai spiedienu, gan arī pilnīgi pārtverot un aizvadot pazemes ūdeņu plūsmu pirms nogāzes. Tādējādi ierīko horizontālas drenāžas galerijas vai arī vertikālas drenāžas ierīces urbumu veidā, pazemes ūdeņus aizvadot ar pašplūsmu vai atsūknēšanu.

Ja noslīdeņu veidošanās cēloņi ir abrāzija vai upes erozija, tad jūras un upes krasta nostiprināšana un citi preterozijas pasākumi vienlaikus ir noslīdeņu novēršanas pasākumi. Bieži nepieciešama nogāzes nostiprināšana ar atbalstsienām, pāļiem vai kontrbanketiem.

Kontrbanketus izveido no vietējiem iežiem (smilts, grants, šķembām, akmeņiem) un tie atbalsta un līdzsvaro iežu masas nogāzēs.

Atbalstsienas veido no akmens vai betona, tām jāsniedzas dziļāk par noslīdeņa slīdvirsmu un jābūt pietiekami izturīgām. Atbalstsienas un kontrbanketi obligāti jākomplektē ar drenāžas ierīcēm.

Ja noslīdeņa dziļums nav liels, to nostiprina ar koka vai betona pāļiem, iegremdējot tos iepriekš izveidotos urbumos. Pāļiem jāsniedzas dziļāk par noslīdeņa slīdvirsmu.

Nogāzes iežu fizikāli mehānisko īpašību uzlabošanai dažkārt lieto silikatizāciju, cementāciju un elektroķīmisko nosusināšanu. Nelielu noslīdeņu gadījumos radikāls pasākums pirms būvniecības darbu veikšanas ir noslīdeņu masas aizvākšana. [1; 208–209].

## 1.5. Izlūkošanas veikšana un cietušo atrašanas paņēmieni nogāžu procesos

Izlūkošana ir pasākumu kopums ar mērķi iegūt informāciju par notikumu, situācijas izvērtēšana un lēmuma pieņemšana par darbības organizēšanu notikuma vietā.

Izlūkošanas veikšanas īpatnības notikuma vietā rada tas, ka slikti prognozējamās stihiskās nelaimes robežas neļauj pilnībā noteikt bīstamo zonu un, atbilstoši tam, pieņemt nepieciešamos zaudējumu un cilvēku upuru novēršanas vai seku mazināšanas pasākumus. Ievērojamie grūti pieejamās teritorijas izmēri un izlūkošanas veikšana ar virszemes līdzekļiem ir apgrūtināta un rada nepieciešamību veikt izlūkošanu notikuma cilmvietā ar dažādiem resursiem un paņēmieniem.

Šādos gadījumos tiek organizēta kompleksa izlūkošana dažādos veidos:

- virszemes izlūkošana – dod konkrētu informāciju, pamatojoties uz vispārēju vai detalizētu vietas izpēti, tādējādi novērtējot situāciju notikuma vietā un pieņem lēmumus par nepieciešamajiem resursiem un glābšanas pasākumiem;

- izlūkošana no gaisa (autokāpnes un autopaceļāji, kā arī deltaplāni, helikopteri, lidmašīnas) – atklāj riska zonas robežas, cilvēku atrašanās vietas riska zonā un iespējamos piekļūšanas ceļus.

Noslīdeņu un nobiru gadījumā, izlūkošanas laikā noskaidro iespējamos to noslīdēšanas virzienus un izplatīšanās robežas, un pēc šādas informācijas, nosaka visbīstamākās vietas un, atbilstoši tam, īsteno nepieciešamos notikuma seku mazināšanas/novēršanas pasākumus. Ierodoties notikuma vietā, jāveic notikuma vietas norobežošana, lai novērstu nepiederošu peronu atrašanos riska zonā un regulētu/pārtrauktu transportlīdzekļu kustību.

Izlūkošanas informācija par situāciju tiek iegūta dažādos veidos, un to ietekmē konkrētā notikuma apstākļi un uzdevuma raksturs. Izlūkošanas galvenie veidi ir:

- **novērošana** – ietver sekošanu līdzi objektu stāvoklim apkārtējā vidē un situācijas attīstībai postījuma cilmvietā, kā arī resursu darbībai notikuma vietā. Novērošana notiek vizuāli (tieši vai izmantojot optiskās ierīces) un ar tehnisko līdzekļu palīdzību, pārraidot aktuālāko informāciju par situāciju notikuma vietā. Vairumā gadījumu novērošanu veic ugunsgrēka dzēšanas un glābšanas darbu vadītājs (turpmāk – glābšanas darbu vadītājs, GDV), bet nepieciešamības gadījumā GDV var norīkot citu amatpersonu šīs funkcijas veikšanai.

- **tieša objektu un apkārtnes apskate** – paredz detalizētu noteiktās vietas, iecirkņu, ēku un būvju stāvokļa un izvietojuma, inženierkomunikāciju izpēti ar mērķi noteikt darba apjomu un resursu iesaistīšanas veidus noteikto glābšanas un neatliekamo seku likvidēšanas darbu veikšanā un vadīšanā. Teritorijas apskate notiek līdztekus meklēšanai.

- **meklēšana** – izlūkošanas pamatpaņēmiens, lai atrastu bojāgājušos un cietušos, kuriem nepieciešama palīdzība vai atrašana, to stāvokļa precizēšana un glābšanas kārtības noteikšana. Meklēšanā iesaistītajiem nodarbinātajiem jābūt nodrošinātiem ar individuālajiem aizsardzības līdzekļiem un speciālu aprīkojumu.

- **fotografēšana un video dokumentēšana** – riska zonas un apkārtnes fotografēšana – tiek īstenota, lai īsā laikā iegūtu dokumentālu informāciju un uzskatāmi atklātu par situācijas sarežģīšanos notikuma vietā, kā arī nodrošinātu lietiskos pierādījumus lietas izmeklēšanas gadījumā, glābšanas darbu kļūdu analīzei un personāla apmācībai.

- sadarbība ar citiem speciālajiem dienestiem;
- vietējo iedzīvotāju, nodarbināto un inženiertehniskā personāla iztaujāšana;
- laboratoriskie pētījumi.

Pirmajās stundās pēc katastrofas ir apgrūtina izlūkošanas veikšana, glābšanas darbu vadīšana, jo tos ietekmē gan cietušo, gan glābēju sarežģītais morāli – psiholoģiskais stāvoklis.

Glābēju sastāva un izlūkošanai nepieciešamo līdzekļu noteikšanai, nepieciešams ņemt vērā riska zonas robežas, apjomu un esošo inženierkomunikāciju izvietojumu. Izlūkošana riska zonā veicama pēc iespējas īsākā laikā, neskatoties uz to, ka piebraucamie ceļi var būt iznīcināti un/vai bojāti, tādēļ arī gaisa izlūkošanai šādos gadījumos ir nozīmīga loma, jo iespējams ātri iegūt vispārējus priekšstatus par situāciju, evakuācijas maršrutiem un resursu iesaistīšanas virzieniem.

Izlūkošanā noskaidro:

1) iespējamo cietušo skaitu, to traumu rakstaru;
2) cietušo skaitu, vai cietušie ir pilnībā vai daļēji apbērti;
3) nogruvumu, nobiru un noslīdeņu rakstaru, to pamatparametrus (to kustību, apjomu un noslīdēšanas ilgumu);
4) vietas īpatnības;
5) esošos un prognozētos meteoroloģiskos apstākļus, kas var ietekmēt situāciju notikuma vietā;
6) faktus, kas liecinātu, ka nogāžu process var atkārtoties un/vai turpināties;
7) objektu bojājumu pakāpi, apbūves esību un tās rakstaru, esošos inženierkomunikāciju – enerģētiskos tīklus, to stāvokļus un attālumus;
8) apdraudējumu no zem sprieguma esošām komunikācijām, iekārtām un to atslēgšanas iespējām;
9) paredzamo glābšanas darbu veidu un apjomu;
10) iespēju izmantot komunālos – enerģētiskos tīklus glābšanas darbu veikšanā;
11) riska zonas apgaismošanas nepieciešamību;
12) un citus jautājumus pēc glābšana darbu vadīja ieskatiem un situācijas notikuma vietā.

Galvenais pārsteidzošais faktors nogruvumu, nobiru un noslīdeņu gadījumā ir iežu masu pārvietojošās trieciens un brīvo platību aizgrūšana, kā rezultātā rodas paaugstināts risks ne tikai cietušajiem, apdraudētajām ēkām, būvēm, bet arī glābšanas darbu veicējiem.

Cilvēku meklēšanā pielieto dažādus tehniskos līdzekļus, ar kuriem var konstatēt cilvēka elpošanu, sirdsdarbību, kustību, infrasarkano un elektromagnētisko starojumu. Šīm ierīcēm ir dažādi tipi un tie atšķiras pēc cilvēka konstatēšanas veida akustiskie, optiskie, radioviļņu un metabolisma produktu reģistrācija.

Izplatītākie meklēšanas ierīču veidi ir:

- optiskās;
- akustiskās;
- termiskās attēlu veidošanas kameras;
- radara;
- ierīces, kuros izmanto ķīmisko vielu analizatorus;
- ierīces, pamatojoties uz cilvēka neiropsiholoģiskajām īpašībām organismā.

Lai konstatētu cilvēku atrašanās vietas aizgruvumā, lielākoties izmanto akustiskās ierīces, kas spēj uztvert vājus skaņas signālus (cietušo kliedzienus, vaidus un sitienus pa konstrukciju elementiem) un noteikt virzienus to izstarošanai. Sensori ar diviem mikrofoniem dod iespēju noteikt attālumu līdz skaņas avotam, kā arī cietušo (nevis līķu) atrašanai izmanto infrasarkanā starojuma kameras.

Meklēšanai ar akustiskajām ierīcēm ir ierobežotas pielietošanas iespējas, jo lielu iespaidu uz precīziem mērījumiem un meklēšanas rezultātu atstāj troksnis, darbībā esošas ierīces un tehnika, cilvēku pārvietošanās pa aizgruvumu, nobirstoša grunts un tekošs/pilošs ūdens. Efektīva akustisko ierīču pielietošana meklēšanā iespējama tikai tad, kad cilvēki ir spējīgi paziņot par savu atrašanās vietu ar kliedzienu, vaidu vai klauvēšanu.

Seismiskās ierīces paredzētas darbiem vidēs. Šīm ierīcēm ir akustiskie un arī seismiskie raidītāji, kas darba procesā tiek uzstādīti uz cietas virsmas. Sitieni (arī vāja klauvēšana), kurus raida aizgruvumā esošie cilvēki, virszemē nokļūst pa konstrukciju elementiem kā seismiskas svārstības, kuras reģistrē seismiskā ierīce. Piemēram, seismiskā ierīce „Zvuk", spēj uztvert signālu līdz pat 130 metriem. [22; 26–32]

VUGD materiāltehniskajā nodrošinājumā ir divu veidu meklēšanas ierīces: Vibrascope® BVA – 6 (skatīt 1.8. attēlu) un Vibraphone ASB6. (skatīt 1.9.attēlu).

1.8. att. Meklēšanas ierīce Vibrascope ® BVA–6

Vibrascope® BVA–6 ir teleskopisks manipulators ar infrasarkano kameru, kura nodrošina redzamību 360° un darbību pilnīgā tumsā līdz pat 4m. Kamera pārraida informāciju un attēlu uz vadības bloka displeju (darba temperatūra – (-10) – +60°C). Komplektā ietilpst austiņas ar iebūvētiem mikrofoniem, četru posmu teleskopisks manipulators, kas regulējams līdz 2m un tam ir 5m garš kabelis, Ni–MH baterijas un lādētājs (bateriju darbības laiks – 4,5h, uzlādēšanās laiks – 4h), kā arī transportēšanas kaste. [21; 1–2]

Vibraphone ASB6 (skatīt 1.9.attēlu) ir elektroniska meklēšanas – klausīšanās ierīce, kas sastāv no austiņām ar iebūvētiem mikrofoniem, diviem īpaši augstas vibrācijas un skaņas jūtības sensoriem ar 8m garu kabeli. Komplektā ietilpst arī Ni–MH baterijas un lādētājs, trieciendroša transportēšanas kaste ar siksnu. Veicot darbu ar ierīci, novērst traucējošos trokšņus. [21; 3–4]

1.9. att. Meklēšanas ierīce Vibraphone ASB6

Viens no cilvēku meklēšanas veidiem aizgruvumos ir arī speciāli apmācītu suņu izmantošana, ar kuru palīdzību var noteikt cietušo iespējamās atrašanās vietas. Zemes nogruvumos, noslīdeņos veidojas īpašs materiālu struktūras slānis, ko veido dažāda veida un izmēra ieži, akmeņi un pat konstrukciju fragmenti. Šādos gadījumos smaržas izplatās pa plaisām, kuras veidojas ap lielām noslīdējušās masas daļām. Cietušo izdzīvošanas ilgums minētajos apstākļos parasti ir minimāls.

Efektīvai cietušo meklēšanai ar kinoloģisko paņēmienu jāievēro daži būtiski nosacījumi.

Lai suns spētu saost smaržu kādā noteiktā attālumā, tās koncentrācija gaisā starp smaržas izcelšanās avotu un suni nedrīkst būt mazāka par saošanas slieksni. Pie pilnīga gaisa kustības trūkuma, smarža gaisā izplatās vienmērīgi visos virzienos, lai gan izplatīšanās ātrums ir atkarīgs arī no atmosfēras spiediena un gaisa temperatūras. Smaržu izplatīšanās notiek arī vertikāli atmosfēras augšējo un zemāko slāņu nevienmērīgas sasilšanas rezultātā, tādējādi samazinās koncentrācijas slānis zemes virsū un traucē suņiem to saost.

Bezvēja apstākļos smaržas izplatās nevienmērīgi, veidojot konusa formu un dažkārt bezvēja apstākļos var rasties lokāla, haotiska gaisa pārvietošanās, kas sarežģī meklēšanu. Stipra vēja apstākļos notiek smaržu daļiņu mehāniska izkliedēšanās un virszemes gaisa slānī vēl veidojas ozons, kas veicina to ķīmisku pārveidošanos, taču tādos gadījumos atklātā meklējamā apvidū ar zemu veģetāciju suns jau iztālēm var saost smaržu.

Ir konstatēts, ka augsts gaisa mitrums labvēlīgi ietekmē darbu ar suņiem. Eksperti uzskata, ka pie paaugstināta gaisa mitruma ožas daļiņas mazāk aktīvi izraujas no objekta virsmas, tāpēc difundē gaisā ilgāku laiku un mitrs gaiss nesausina suņa deguna gļotādu. Augsta temperatūra virszemes gaisa slāņos veicina aktīvāku ķīmisko reakciju oksidāciju ožas daļiņās.

Turklāt no grunts uzsilušas uzsilst arī virszemes gaisa slānis un notiek aktīva konvekcija un samazinās smaržas koncentrācija tajā. Karstā laikā var notikt suņa organisma pārkaršana, kas izraisa elpas trūkumu un nogurumu, deguna gļotādas dehidratāciju. Gaisa temperatūras paaugstināšanās līdz +30 °C samazina suņa veiktspēju gandrīz divas reizes, bet gaisa temperatūra zem –20 °C vairāku iemeslu dēļ ietekmē saost smaržu.

Meklēšanas efektivitāti ietekmē diennakts laiks. Karstumā, dienas laikā (īpaši no plkst. 11 – 15) suņiem ir slikta darbspēja, toties labvēlīgākie apstākļi ir naktī, kad samazinās vēja ātrums, gaisa un augsnes temperatūra, sarūk ozona daudzums atmosfērā.

Neatkarīgi no transportlīdzekļa veida ar kādu suns tiek nogādāts notikuma vietā, 30 min pirms darba sākuma tam ļauj atpūsties, lai elpošanas ceļi attīrītos no putekļiem un degvielas smārda. Meklēšanas darbu laikā suns nedrīkst būt izsalcis, bet ne arī pārēdies. Pirms darba sākuma nepieciešams pārbaudīt vispārējais suņa stāvoklis, jo tikai vesels suns spēs nodrošināt ticamu rezultātu.

Darba ilgums atkarīgs no vairākiem nosacījumiem: meteoroloģiskajiem apstākļiem un situācijas notikuma vietā, suņa vecuma, temperamenta un pašsajūtas. Meklēšanas laikā vidēji katru stundu nepieciešams 10 min pārtraukums, lai to padzirdītu utt. Pie augstas temperatūras (virs + 30°C) vai arī pie stipra sala (zem – 25°C) atpūta tiek dota pēc katras 20–30 min darba. Šajā laikā suns tiek aizvests prom no pārmeklējamā apvidus, bet pēc astoņu stundu darba nepieciešams ilgāks pārtraukums. Liela apjoma meklēšanas darbos tiek piesaistīts tāds resursu nodrošinājums, kas ļauj tos sadalīt 2–3 grupās un darba laikā kāda grupa strādā, cita – atpūšas. [23; 27–28]

Atkārtota pārbaude tiek veikta, kad detalizētā meklēšana nav devusi rezultātus, bet ir aizdomas, ka minētajā apvidū tomēr iespējami cietušie. Pie atkārtotās pārbaudes meklēšanas virziens parasti tiek nedaudz izmainīts. Atkarībā no situācijas var piemērot visus meklēšanas veidus dažādās kombinācijās.

Cietušo meklēšanu ar apmācītiem suņiem, veic trijos etapos:

- izlūkošanas laikā – stihiskās nelaimes zonā līdz glābšanas darbu sākšanai;
- glābšanas darbu gaitā ar mērķi precizēt un veikt korekcijas glābšanas darbu norisē;

- glābšanas darbu beigās – kontroles veikšanai notikuma vietā.

Atkarībā no aizgruvuma sarežģītības, tā izmēriem un apkārtējās vides apstākļiem, kinoloģiskā meklēšana var būt savrupa, grupveida vai pakāpeniska.

Savrupās meklēšanas gadījumā cietušo atrašanā tiek izmantots viens suns, taču šāds paņēmiens nav drošs, jo suns var tikt traumēts, un tam nepieciešama atpūta.

Grupveida kinoloģiskās meklēšanas gadījumā tiek iesaistīti visi resursi un vienlaikus tiek pārmeklēta visa meklēšanas vieta, kura sadalīta atsevišķos iecirkņos.

Pakāpenisko meklēšanu izmanto liela apjoma nogruvumos, noslīdeņos, kad meklēšanas darbu laiks pārsniedz 10–12 stundas. Meklēšana noris pēc slīdošā grafika, kad meklēšanas grupas nomainās pēc 40–45 min. Šāda meklēšanas organizēšana ļauj saglabāt pietiekami augstu meklēšanas darbu tempu.

Jāpievērš uzmanība tam, ka pēc ilgstoša 6–7 stundu darba, ja strādājošais personālsastāvs netiek nomainīts, zūd uzmanība uz notikuma bīstamajiem faktoriem.

Kinologu ar suņiem darba aprēķins tiek veikts, pamatojoties uz sekojošiem ražības pamatrādītājiem:

- cietušo atrašanai teritorijā 100x100 m un aizgruvuma augstuma 3–5m – ne ilgāk par 30 min;
- nepārtraukta darba apstākļos – ne ilgāk par 45 min;
- darba maiņa – ne ilgāk par 12 h. [22; 40–43]

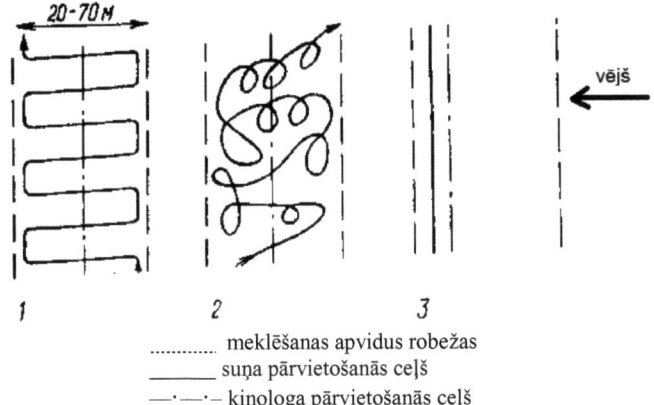

.............. meklēšanas apvidus robežas
_____ suņa pārvietošanās ceļš
—·—·— kinologa pārvietošanās ceļš

1.10.att. Kinoloģiskās meklēšanas galveno paņēmienu shēmas:
1–līkloču 2– brīvais; 3– frontālais

Cietušo meklēšana, izmantojos suņus, tiek veikta ar sekojošiem paņēmieniem:
1) Līkloču meklēšanā suns pārvietojas pa pārmeklējamo apvidu zig–zag veidā no vienas apvidus sānu robežas uz otru ar nelielu kustību uz priekšu, toties

kinologs kustās pa iedomātu centra līniju aiz suņa un seko tā uzvedībai un kustībai. (skatīt 1.10.attēla 1.zīm.).

2) Brīvajā meklēšanā suns pa apvidu pārvietojas patvaļīgi, orientējoties tikai uz gaisa plūsmu. Šajā gadījumā kinologs nekontrolē to, bet tikai uztur meklēšanas aktivitāti, pašam atrodoties vietā, no kuras ir labi pārskatāms cietušo meklēšanas apvidus. (skatīt 1.10.attēla 2.zīm.).

3) Frontālajā meklēšanā suns pārvietojas gar apvidus robežu pretvēja pusi, bet kinologs iet kopā ar suni un uztur tā uzmanību. Frontālās meklēšanas veids ļauj veikt ātru meklēšanu lielās teritorijās, jo ar paceltu galvu suns ir spējīgs saost smaržu daudz lielākā attālumā nekā darbā ar nolaistu galvu, lai gan vājas smaržas tik un tā var tikt nepamanītas. (skatīt 1.10.attēla 3.zīm.). [23; 28–31]

Latvijā nav speciāli apmācītu suņu darbam nogruvumos, nobirās un noslīdeņos, taču ir kinoloģiskie meklēšanas resursi, kas var tikt iesaistīti līķu meklēšanā, bet nepieciešamības gadījumā šādu speciālistu ar suņiem apmācība var tikt veikta.

Jāpiebilst, ka pasaulē ļoti plaši tiek pielietots šāds cietušo meklēšanas veids un ir pat speciāli apmācīti „katastrofu" suņi (disaster dogs), kas paredzēti cietušo meklēšanai dažāda veida sagruvumos, virpuļviesuļos un zemestrīcēs, un tiek apmācīti īpaši suņi līķu meklēšanā (cadaver dogs), kas trenēti cilvēku mirstīgo atlieku atrašanā. [27]. Latvijā esošie kinoloģijas speciālisti galvenokārt piedalās pazudušu personu un noziedznieku, kā arī līķu meklēšanā.

Cietušo atbrīvošanas veids no aizgruvuma atkarīgs no cietušo gūto bojājumu pakāpes un cietušo veselības stāvokļa, kā arī no apkārt esošās infrastruktūras. Cietušo meklēšanas un glābšanas veidi parādīti 1.4.tabulā. [22; 31–32]

1.4.tabula

Cietušo meklēšanas un glābšanas veidi

| Nr. p.k. | Cietušo meklēšana | Atbrīvošana | Izcelšana no aizgruvuma |
|---|---|---|---|
| 1 | 2 | 3 | 4 |
| 1. | Izmantojot akustiskos aparātus, fiksējot un nosakot skaņas avota virzienu. | Manuāla atbrīvošana izmantojot rokas instrumentus. | Uz rokām. |
| 2. | Aparātu izmantošana, kas nosaka infrasarkanā starojuma avotus. | Dabisko dobumu paplašināšana un izmantojot mehanizētos instrumentus. | Uz nestuvēm, fiksējot ķermeņa traumas ar cietu priekšmetu. |
| 3. | Izmantojot optiskās zondes | Horizontālo eju caursišana un vertikālo aku atrakšana. | Uz izturīga auduma gabala. |
| 4. | Ultraīsviļņu zondēšana (dobumu noteikšanai). | Pakāpeniska – posmsecīga aizgruvuma vertikālā demontēšana, izmantojot mehanizētos instrumentus. | Ar autokāpēm un autopacēlājiem. |

| 1 | 2 | 3 | 4 |
|---|---|---|---|
| 5. | Izmantojot speciāli sagatavotus un apmācītus suņus. | Izmantojot pazemes ejas un inženierkomunikācijas. | Izmantojot alpīnistu materiāltehnisko nodrošinājumu. |
| 6. | – | Pakāpeniska – posmsecīga aizgruvuma horizontālā demontēšana, izmantojot mehanizētos instrumentus. | Ar siksnu un kāršu palīdzību. |

## 1.6. Glābšanas tehnika un aprīkojums glābšanas darbu veikšanai nogruvumos, noslīdeņos un nobirās

Cietušos, kas atrodas grunts aizgruvumos, atbrīvo ar darba instrumentiem un mazās mehanizācijas līdzekļiem, kas nerada lielu vibrāciju un papildus slodzi uz tranšejas/būvbedres malām vai nogāzi. Glābšanas darbu veikšanai nogruvumos, noslīdeņos un nobirās var pielietot 1.11.attēlā norādīto ugunsdzēsības un glābšanas tehniku un aprīkojumu.

Cietušo atrašanai tiek izmantota informācija, kas tiek iegūta izlūkošanas laikā, pielietojot dažādas meklēšanas ierīces, tehniku un speciāli apmācītus suņus.

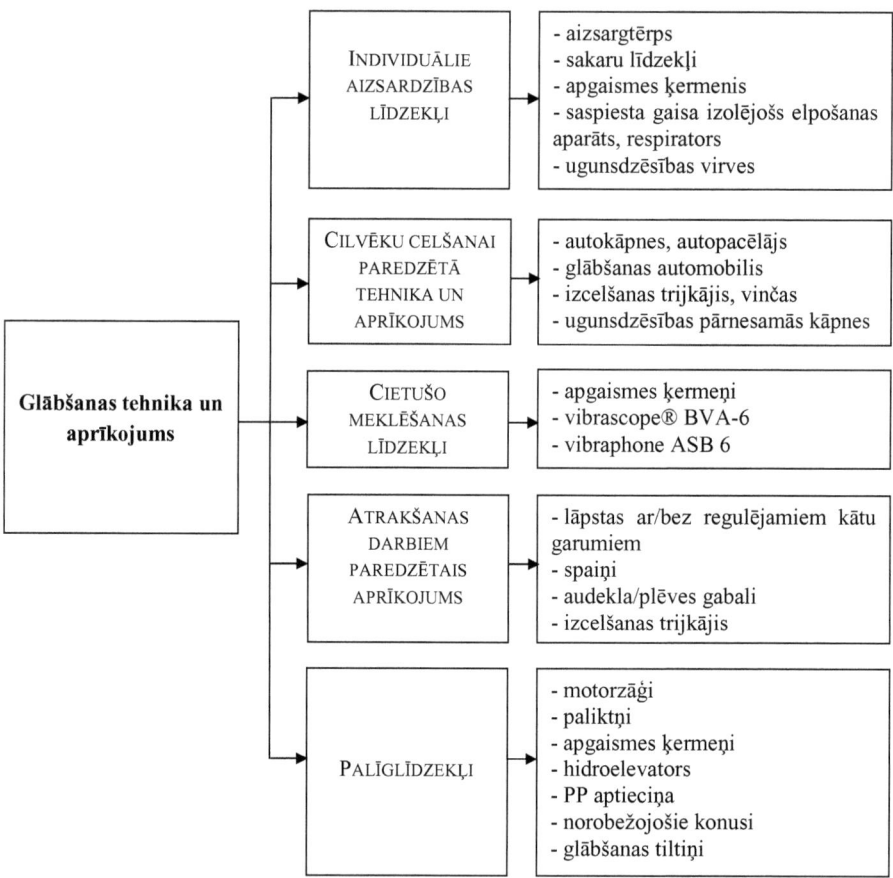

1.11.att. Pielietojamā glābšanas tehnika un aprīkojums glābšanas darbu veikšanai nogāžu procesu izraisītajos notikumos

Pētījuma laikā tika veiktas aplēses par VUGD materiāltehniskajā nodrošinājumā esošo cilvēku celšanai paredzēto tehniku un aprīkojumu. Rezultātā iegūti sekojoši rādītāji:

- autokāpnes – 35;
- autopacēlāji – 5;
- glābšanas automobiļi – 17;
- izcelšanas trijkāji – 25.

Lai nodrošinātu ugunsdzēsēju glābēju drošu nokļūšanu riska zonā tiek izmantotas ugunsdzēsības virves, ugunsdzēsības pārvietojamās kāpnes, piepūšamie glābšanas tiltiņi. Lai notikuma vietā sagatavotu grunts stabilizēšanas materiālus tiek izmantoti motorzāģi.

Ja pastāv drauds nogruvuma, noslīdeņa atkārtotai iespējamībai, tādos gadījumos glābējs pie cietuša nogruvumā tiek iecelts ar autokāpnēm, autopacēlājiem un glābšanas automobiļiem ar manipulatoriem.

Darbību laikā glābēja stabilitāti nodrošina alpīnistu bandāža (skatīt 1.12.attēlu) (tā nerada tādu koncentrētu slodzi mugurkaulam kā ugunsdzēsības josta), kura ir piegulējama atbilstoši lietotājam. Bandāžas sānos atrodas dažādi gredzeni un karabīnes, kuras var izmantot, lai ugunsdzēsējs glābējs piestiprinātos ar papildus auklas cilpām, tādējādi neatvirzītos no darbavietas vairāk par pus metru.

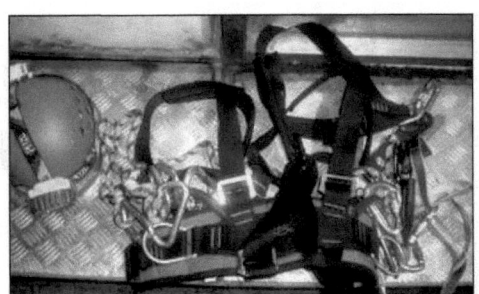

1.12.att. Alpīnistu bandāža

Dažkārt tranšejās/būvbedrēs krājas ūdens, tādējādi tā atsūknēšanai var tikt izmantots hidroelevators, jo tas nerada lielu vibrāciju un nenotiek strauja ūdens atsūknēšana. Jāpievērš uzmanība, ka nepareizi veicot atsūknēšanas darbus ar hidroelevatoru un esot nepietiekamam spiedienam, iespējams pievadīt papildus ūdeni. Ūdens atsūknēšanai ieteicams lietot motorsūkņus un citas ierīces, kas paredzētas ūdens ar rupju daļu piemaisījumu sūknēšanai, jo pretējā gadījumā rupjās frakcijas var iesprūst sūknī un sabojāt to. Visos tranšeju nogruvumos jāparedz arī ventilēšana, lai nepieļautu sprādzienbīstamu koncentrāciju rašanos un saindēšanos.

Pie nepietiekamas redzamības jānodrošina arī notikuma vietas izgaismošana. Šim nolūkam tiek izmantoti apgaismes masti, pārvietojamie apgaismes ķermeņi uz trijkāja, „gaismas stabi", individuālie un kolektīvie lukturi. Vēlams izmantot aizsargtērpus ar luminiscējošiem elementiem.

Cietušo atrakšanas darbos izmanto dažāda izmēra lāpstas, kā arī spaiņus un paklājus – grunts pārvienošanai/izcelšanai no aizgruvuma.

Atsevišķos gadījumos, pie liela apjoma glābšanas darbiem, kad nepieciešams tos veikt pēc iespējas īsākā laikā, pieļaujama plašāka inženiertehnikas izmantošana ar drošiem darba paņēmieniem, izvairoties no papildus traumu radīšanas cietušajiem. Šādos gadījumos nepieciešams ierīkot inženiertehnikas laukumus un veikt nogruvuma, noslīdeņa un nobiru nostabilizēšanas pasākumus, lai novērstu grunts tālāku pārvietošanos.

Pirmās palīdzības sniegšanā cietušajiem izmanto struktūrvienībās esošās pirmās palīdzības aptieciņas.

Cietušo pārvietošanai un/vai evakuācijai var tikt pielietoti dažādi pārnešanas, atvilkšanas paņēmieni atkarībā no to gūtajām traumām un apstākļiem notikuma vietā.

Transportēšanai izmanto imobilizācijas dēļus, nestuves, autokāpnes, autopacēlājus, ugunsdzēsības pārvietojamās kāpnes un glābšanas automobiļus ar manipulatoriem, ievērojot to uzstādīšanas noteikumus pie tranšejām, būvbedrēm un nogāzēm. Audekla un lokanās nestuves skatīt 1.13. un 1.14.attēlā.

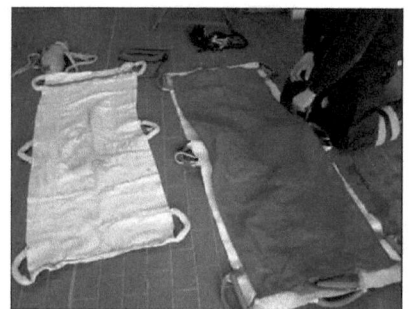 

1.13.att. Audekla nestuves cietušo pārvietošanai

1.14. att. Cietušā atvilkšana ar lokanajām nestuvēm

Notikuma vietas norobežošanā izmanto norobežojošās lentas un auklas ar atstarojošiem elementiem vai to neesamības gadījumā – ugunsdzēsības virves un šļūtenes. Pēc glābšanas darbu pabeigšanas nepieciešams nodrošināt notikuma vietas iezīmēšanu, lai nepieļautu cilvēku, dzīvnieku un transportlīdzekļu iekrišanu tranšejā/būvbedrē vai aizgruvuma pilnīga aizbēršana un drošības nolūkos – papildus veicama tās norobežošana.

## 1.7. Iespējamās cietušo traumas nogāžu procesos un pirmā palīdzība

Nogruvumu, nobiru un noslīdeņu gadījumā iespējamas daudzpusīga rakstura traumas. Galvenokārt novērojamas mehāniskas traumas un lūzumi, ilgstoša nospieduma sindroms, atdzišana, apsaldējumi, pārkaršana, slīkšana un acu traumas.

### 1.7.1. Ievainojumi un asiņošana

Kopējais asins daudzums pieauguša cilvēka organismā ir 5–7 l (~ 7 % no ķermeņa svara). Asinis zudums 1–1,5 l var būt dzīvībai bīstams, bet, ja asins zudums ir lielāks (vairāk kā 40 % no kopējā asins daudzuma), nāve ir praktiski nenovēršama – glābt tādu cilvēku ir ļoti problemātiski pat specializētā klīnikā, tāpēc asiņošanas apturēšana ir jāveic jo ātrāk, jo labāk. Asinis nodrošina normālu organisma eksistenci, apgādā audus ar nepieciešamajiem hormoniem, fermentiem, vitamīniem, minerālvielām un energovielām, piegādā audiem un orgāniem skābekli un bioloģiskos komponentus, izvada uzkrājušos ogļskābo gāzi un kaitīgos vielmaiņas produktus.

Asiņošana var būt gan ārējā, gan iekšējā. Iekšējā asiņošana rodas, ja ir bojāti iekšējie orgāni – nieres, aknas, liesa – un asinis sakrājas vēdera vai krūšu dobumā. Spēcīga iekšēja asiņošana var būt bīstamāka par ārējo asiņošanu, jo grūti noteikt tās iemeslu un stiprumu. Atkarībā no bojātā asinsvada veida izšķir arteriālu, venozu, kapilāru un jauktu asiņošanu. Asiņošanas smagums atkarīgs no zaudēto asiņu daudzuma tās laikā. To nosaka tas, kāds asinsvads bojāts un cik liela ir brūce. Jo vairāk asinis tiek zaudētas, jo smagāks ir cietušā stāvoklis.

Katra spēcīga asiņošana var radīt šoku, savukārt šoks var izraisīt nāvi, jo samazinās organisma apgāde ar asinīm, līdz ar to rodas skābekļa trūkums, kas kavē dzīvībai svarīgu orgānu darbību.

### 1.7.2. Traumas un lūzumi

Lūzuma gadījumā tiek pārtraukts kaula veselums. Jāatceras, ka pie lūzuma tiek bojāts ne tikai kauls, bet arī apkārt esošie audi. Izšķir divus lūzumu veidus – vaļēju un slēgtu.

Ja virs lūzuma vietas ir ādas brūce, lūzums ir vaļējs. Reizēm brūcē var redzēt pat kaulu galus vai to šķembas. Vaļēja lūzuma gadījumā brūcē un kaulos var iekļūt mikroorganismi, kas rada infekciju, un izraisīt grūti ārstējamu kaula iekaisumu. Tādēļ pie vaļējiem lūzumiem jāraugās, lai brūcē neiekļūtu netīrumi un šādu lūzumu gadījumā vispirms jāaptur asiņošana un tikai tad jāveic imobilizācija.

Mazo kaulu lūzuma (slēgta vai vaļēja) vai mežģījuma gadījumā imobilizē (fiksē un padara nekustīgu) locekli, saglabājot lūzuma vai mežģījuma deformāciju. Ja cietušais jātransportē, tad piesaitē pie ķermeņa elkonī saliektu roku, bet traumēto kāju piesaitē visā garumā pie otras kājas vai dēļa.

Mugurkaula traumas ir īpaši smagas un sarežģītas, jo tas ir nozīmīga cilvēka organisma sastāvdaļa, tādēļ pie šādām traumām cietušos nepārvietot un nekustināt, bet, ja notikuma bīstamie faktori apdraud cietušo, tad tos pārvieto uz cietas pamatnes, kā arī, ja ir nepieciešamība cietušajam ar mugurkaula kakla daļas traumu atbrīvot elpceļus, tad tas ir jādara, neliecot galvu atpakaļ.

Svarīgi pirmās palīdzības sniegšanas laikā nepastiprināt sāpes, pētot lūzuma vietu. Jebkura locekļa lūzuma gadījumā – jāpadara tas nekustīgs un pārvietojiet cietušo tikai tad, ja palikšana uz vietas apdraud viņa dzīvību.

### 1.7.3. Slīkšana

Tā kā tranšejās/būvbedrēs un nogāzēs dažkārt uzkrājas ūdens, tādējādi pastāv iespēja, ka cietušais, kurš ir daļēji apbērts ar grunti, var tikt pakļauts slīkšanas procesam, tāpēc nepieciešams pārzināt arī pirmās palīdzības sniegšanas īpatnības pie šādiem gadījumiem.

Slīkšana ir slāpšana, kuru izraisa šķidruma (visbiežāk ūdens) iekļūšana elpceļos. Slīkšanu veicinošs faktors ir slīcēja bailes un panika. Jūtot, ka nevar ieelpot gaisu, cilvēks uz laiku aiztur elpu, tāpēc strauji palielinās ogļskābās gāzes daudzums asinīs un dažu minūšu laika pakāpeniski zūd samaņa. Bezsamaņā esošais parasti izelpo plaušās atlikušo gaisu un ieelpo ūdeni, dūņas, dubļus. Iestājoties skābekļa badam un paaugstinoties ogļskābās gāzes daudzumam asinīs, apstājas sirdsdarbība.

Sniedzot palīdzību, vispirms ir jāatbrīvo augšējie elpceļi no svešķermeņiem (zālēm, smiltīm).

Cietušais noteikti jānogādā slimnīcā, pat tad, ja atdzīvināšanas pasākumi ir bijuši veiksmīgi un cietušais nejūt vajadzību pēc ārsta palīdzības. Tā kā plaušās ir nokļuvis ūdens, tas var radīt plaušu bojājumus un nopietnus sarežģījumus pat pēc dažām dienām vai nedēļām.

### 1.7.4. Atdzišana

Atdzišana ir ķermeņa temperatūras pazemināšanās zem 35° C. To novēro, ja cietušais ilgāku laiku ir uzturējies pazeminātā temperatūrā. Visjūtīgākie ir gados pavisam jauni un veci cilvēki. Ja tie atrodas telpā vai vidē, kur t° ir mazāka par 18° C, nekustīgi sēžot, vai guļot, tad nepietiekoši apģērbti, vai sasegti, tie var pārsalt līdz nāvei 1–2 stundu laikā.

Šādos gadījumos jāveic tādi primārie pasākumi, kas novērstu/mazinātu tālāku siltuma zudumu, taču jāizvairās no jebkādas cietušā masēšanas vai pārkarsēšanas un nepieciešams atkārtoti kontrolēt cietušā stāvokli.

## 1.7.5. Apsaldējumi

Apsaldējumi ir audu bojājumi, kas rodas pazeminātas temperatūras ietekmē. Apsaldējumi var rasties ne tikai, kad ārējā temperatūra ir zemāka par 0° C, bet arī t° + 4° C un pat augstākā temperatūrā, īpaši, ja aukstums iedarbojas ilgstoši. Svarīga nozīme ir arī gaisa mitrumam un apģērbam: paaugstināts gaisa mitrums, mitrs, vai nepietiekošs apģērbs sekmē apsaldējumu rašanos. Aukstuma iedarbībā asinsvadi sašaurinās, līdz ar to tiek traucēta audu asins apgāde. Apsaldētās daļas netiek apgādātas ar asinīm, un cietušie audi iet bojā.

Cietušais jāpasargā no tālākas aukstuma iedarbības un jāizvairās no jebkādas cietušā masēšanas un berzēšanas.

## 1.7.6. Ilgstoša nospieduma sindroms

Nospiedums rodas, ja cietušajam uzkrīt kāds smags priekšmets vai to saspiež smaga priekšmeta atrašanās uz kādas no ķermeņa daļas. Nospieduma vietā izteikts pietūkums, asinsizplūdums, pūšļi. Zemāk par saspieduma vietu nav pulsa, ekstremitāte balta un auksta un var būt lūzuma pazīmes.

Palīdzība ir atkarīga no tā, cik ilgs laika posms ir pagājis no saspiešanas brīža. Ja mazāk par 1 stundu, tad atbrīvo saspiesto ķermeņa daļu cik ātri vien iespējams un tūlīt pēc ekstremitātes atbrīvošanas – tā ir stingri jānosaitē un jāimobilizē.

Ja saspiedums ir bijis no 1 stundas līdz 6 stundām, tad, noņemot smagumu, iespējams pasliktināt cietušā stāvokli, tādēļ nepieciešama neatliekamās medicīniskās palīdzības klātbūtne un veicami profilaktiskie pasākumi.

Ja nospiedums ir bijis ilgāk par 6 stundām, liek žņaugu un noceļ smagumu, jo nospiesto locekli nav iespējams glābt. [30]

# 2. GLĀBŠANAS DARBU VEIKŠANA NOGĀŽU PROCESU SKARTAJĀS VIETĀS

## 2.1. Glābšanas darbu veikšanas priekšnosacījumi

Glābšanas darbi nogāžu procesu skartajās vietās ir netipiski un komplicēti, ne tikai tādēļ, ka saņemto izsaukumu skaits uz šāda veida glābšanas darbiem ir salīdzinoši mazāks, bet arī tāpēc, ka trūkst profesionālo iemaņu šo darbu veikšanā un pastāv pastiprināti daudz bīstamo faktoru, kas var apdraudēt gan cietušos, gan glābējus.

Nogāžu procesi izpaužas arī tranšeju un būvbedru nogruvumos un iegruvumos, tāpēc galvenie glābšanas darbu veikšanas paņēmieni tiek pielīdzināti kā to veikšanai tranšejās/būvbedrēs, kas ir sastopamākās negadījuma vietas.

Jāņem vērā, ka glābšanas darbu veikšanas paņēmienu praktiska imitācija notiek ar ierobežotu materiāltehnisko nodrošinājumu un nogāžu procesu skartās vietas tiek atdarinātas, tādējādi radot papildus ierobežojumus izvēlētās tēmas izpētei.

Glābšanas darbu veikšanas priekšnosacījumi:

1) **Notikuma vietas noteikšana, norobežošana un nogāžu procesu veicinošo faktoru izslēgšana.**

Ierodoties notikuma vietā, pēc ārējām pazīmēm jānosaka aptuvenā notikuma vieta, lai varētu pieņemt lēmumus par veicamo darbu apjomu un nepieciešamajiem resursiem. Šim nolūkam var izmantot liecinieku informāciju, cietušā individuālos aizsardzības līdzekļus riska zonā.

Notikuma vietas norobežošanā aizliegts izmantot tādus paņēmienus, kas paredz norobežojošo konstrukciju elementu iedzīšanu gruntī. Rekomendē notikuma vietu norobežot ar norobežojošiem konusiem.

Tā kā viens no glābšanas darbu priekšnosacījumiem nogāžu procesu skartajās vietās ir notikuma bīstamo faktoru izslēgšana – jānodrošina riska kontrole, lai novērstu reālo vai iespējamo apdraudējumu, kas varētu apdraudēt glābšanas mēģinājums pirms tranšejas aizsardzības sistēma ir izveidota.

Jāizveido incidenta pārvaldības sistēma, kas noteiktām personām notikuma vietā piešķir atbildību un atbildību par konkrēto darbu funkcijām. Tādējādi tas palīdz organizēt notikuma vadību un nodrošina nepieciešamo personāla atbildību. (skatīt 2.1.attēlu).

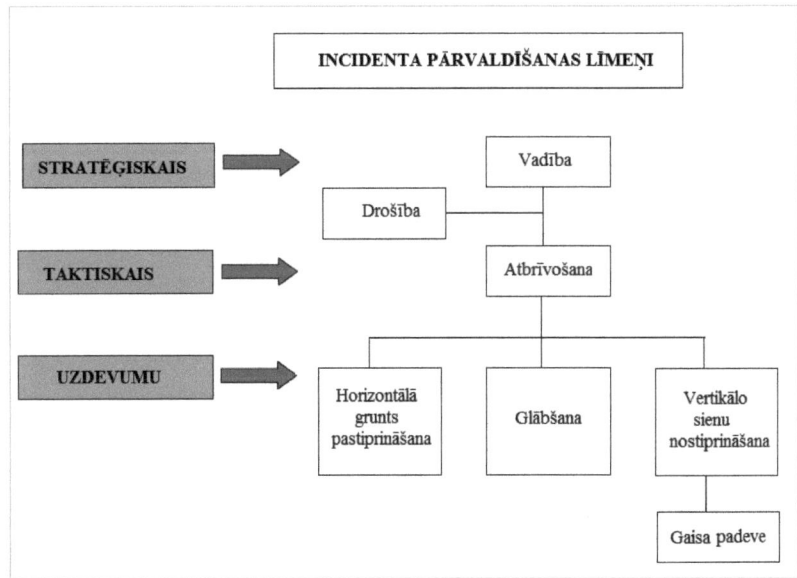

2.1. att. Incidenta pārvaldīšanas līmeņi

Stratēģiskais incidenta pārvaldīšanas līmenis sākas no informācijas saņemšanas par notikumu un turpinās līdz glābšanas darbu beigšanai. Risina jautājumus par izmantojamiem resursiem un glābšanas taktiku.

Taktiskais incidenta pārvaldīšanas līmenis paredz drošāko cietušā atbrīvošanas paņēmienu.

Uzdevumu incidenta pārvaldīšanas līmenis ietver horizontālo grunts pastiprināšanu, glābšanu, vertikālo tranšejas sienu nostiprināšanu, gaisa padevi un citas atbalsta darbības. [19; 12–14]

Lai nepieļautu vai mazinātu nogāžu procesa turpināšanos un/vai atkārtotu nogruvuma/noslīdeņa norisi, jāveic notikuma vietā esošās būvtehnikas nogādāšana drošā attālumā un tās noslāpēšana, papildus slodzes un vibrācijas mazināšana, nepiederošo personu nogādāšanu ārpus riska zonas.

Riska zona (skatīt 2.2.attēlu) – darbības un kontroles zona 5–20m attālumā no cietušā. Šajā zonā ir aizliegta nepiederošu personu un dažādu ierīču atrašanās un darbināšana.

Glābēji, kuri tiks iesaistīti glābšanas darbos, riska zonā darbojas, izmantojot nepieciešamos individuālos aizsardzības līdzekļus un darbam norīko ne mazāk kā 2 darbiniekus, paredzot rezerves grupu glābšanai un nomaiņai.

Drošības zonā atrodas glābšanas darbos iesaistītā ugunsdzēsības un glābšanas tehnika un citu operatīvo dienestu transportlīdzekļi, kā arī cilvēku resursi, masu mediju pārstāvji un citas personas. [12; 107–109]

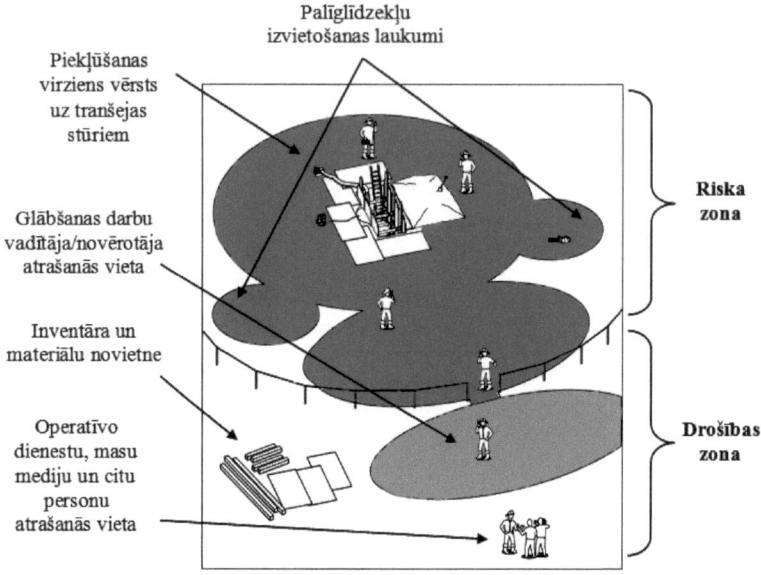

Palīglīdzekļu
izvietošanas laukumi

Piekļūšanas
virziens vērsts
uz tranšejas
stūriem

Glābšanas darbu
vadītāja/novērotāja
atrašanās vieta

Inventāra un
materiālu novietne

Operatīvo
dienestu, masu
mediju un citu
personu
atrašanās vieta

Riska
zona

Drošības
zona

2.2. att. Notikuma vietas sadalījums zonās

## 2) Nestabilo nogruvuma/noslīdeņa daļu nostiprināšana.

Tranšejas dziļums un platums jāņem vērā nosakot, kāda tranšejas aizsardzības sistēma nepieciešama. Grunts veids ietekmē aizsardzības sistēmas izvēli, bet ūdens daudzums tajā un pastāvošie apstākļi notikuma vietā – viennozīmīgi iespaido arī tās stabilitāti.

Augsne sastāv no trim pamatsastāvdaļām: cietām daļiņām, šķidrumiem un gāzēm. Cietās daļiņas augsnē var veidot dažādi minerālmateriāli un tās var būt organiskas vai neorganiskas. Sastopamākais šķidrums augsnē ir ūdens, lai gan tas var būt maisījumā ar ūdeni un ķīmiskajās vielām. Augsnē kā gāze atrodas atmosfēras gaiss, kas satur apmēram 20% skābekļa. Citas gāzes var būt metāns un sērūdeņradis.

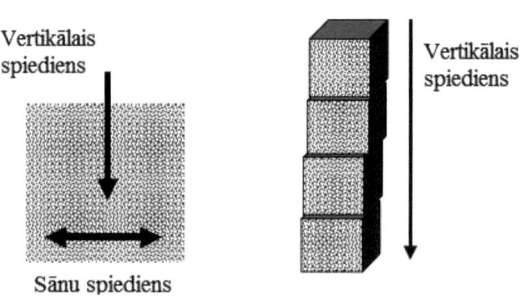

Vertikālais
spiediens

Vertikālais
spiediens

Sānu spiediens

2.3. att. Grunts mehānika

36

Atkarībā no augsnes veida un mitruma satura, tā radīs arī sānu spiedienu, kas vistiešāk var izraisīt nogruvumu. Papildus slodze (iekārtas un materiāli pie tranšejas malām) palielina sānu spiedienu un paaugstina nogruvuma varbūtību. Sānu spiedens būt var 0,33 – 0,5 no vertikālā spiediena. (skatīt 2.3.attēlu). [8; 25–32]

Nostiprināšana ir strukturālu materiālu izmantošana, lai stiprinātu tranšejas sienas ar mērķi novērst to nogruvumus. Jāpiebilst, ka vairums tranšeju nostiprināšanas sistēmas un to elementi ir paredzēti to ierīkošanai pirms rakšanas darbu uzsākšanas.

Aizsardzības sistēma nav nepieciešama, ja rakšana notiek stabilos akmens iežos vai rakšanas dziļums ir mazāks nekā 1,20 m un nav nogruvumu veicinošu apstākļu.

Vienkāršotu tranšejas aizsardzības nepieciešamības noteikšanas procesa shēmu, ja tranšejas dziļums ir 6 m un mazāk, skatīt 2.1.tabulā.

2.1.tabula

Tranšejas aizsardzības nepieciešamības noteikšana*

| Vai rakšanas dziļums ir vairāk nekā 1,20 m? | | | |
|---|---|---|---|
| Nē | | Jā | |
| Vai pastāv potenciāli draudi grunts nogruvumam? | | Vai rakšana notiek pilnīgi stabilā gruntī? | |
| Jā | Nē | Jā | Nē |
| Rakšana jāveic, izmantojot tranšejas nostiprināšanas metodes un līdzekļus | Rakšanas darbus var veikt pie vertikālām sienām | Rakšana jāveic, izmantojot tranšejas nostiprināšanas metodes un līdzekļus | |

\* Tabula sniedz vispārējas vadlīnijas par tranšeju aizsardzības sistēmas nepieciešamību un palīdz novērtēt tās drošumu, un tai ir informatīva nozīme.

Tranšeju aizsardzības sistēma ietver atbilstošā slīpuma noteikšanu tranšejas malām, ja par nogruvuma novēršanas metodi tiek izvēlēta grunts norakšana, kā arī rakšanas vietas atbalstīšanu ar balstiem vai vairogu izvietošanu tajā.

Ņemot vērā glābēju operativitāti un materiāltehnisko nodrošinājumu, izplatītākās metodes un līdzekļi, ar kuriem tiek novērsti tranšeju vertikālo sienu nogruvumi un noslīdeņi, ir apkopoti 2.4.attēlā.

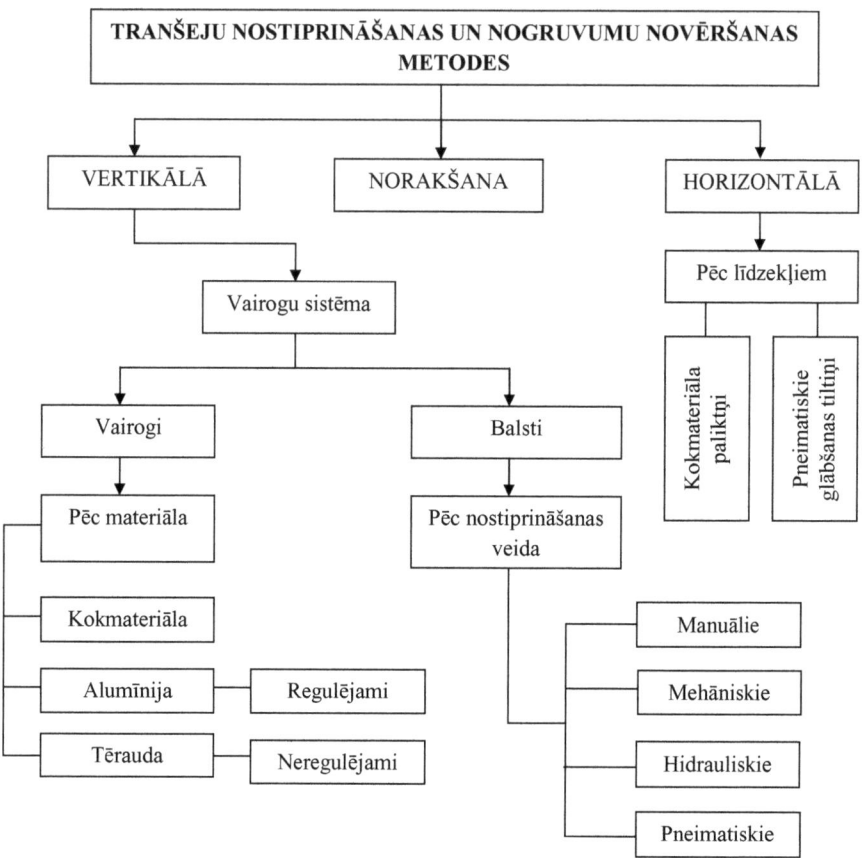

2.4. att. Tranšeju nostiprināšanas un nogruvumu novēršanas metodes

Drošākās vairogu sistēmas elementi ir rūpnieciski izgatavoti tā, lai izturētu grunts spiedienu tās nogruvumu gadījumos. Vairogus tranšejā ievieto vienādā līmenī ar to vai tā, lai tie nedaudz sniedzas virs tranšejas.

Kokmateriālu balstu uzstādīšanu sāk ar augšējo, tad vidējo un beidzamo uzstāda apakšējo, toties to demontāža notiek apgrieztā secībā. Izmantojot kokmateriālu balstus vai pneimatiskos statņus, nepieciešams paredzēt izturīgus vertikālos balstus. Pirmie divi balsti jāizvieto abās pusēs cietušajam un pēc tam vēl divus katrā pusē, tādējādi izveidojot darbavietu cietušā atrakšanas darbiem vai tā aprūpei.

Pneimatisko statņu uzstādīšanas gadījumā kā pirmo uzstāda vidējo statni, tad apakšējo un beidzamo uzstāda augšējo. Darbam ar tiem ir ierobežots darba diapazons. Divpusējos domkratus uzstāda analogi kokmateriālu balstiem. Stiprināšana ar hidrauliskajiem līdzekļiem ir daudz parocīgāka. To ražošanas tehniskajās tabulās detalizēti tiek norādīts nostiprinājumu izvietojums un apjoms, pamatojoties uz izraktās grunts veidu.

Grunts norakšana no tranšejas malām iespējama tikai tad, ja rakšanas vietā ir viena veida grunts slāņi. Tranšejas malu norakšanas shematisks attēlojums parādīts 2.5.attēlā.

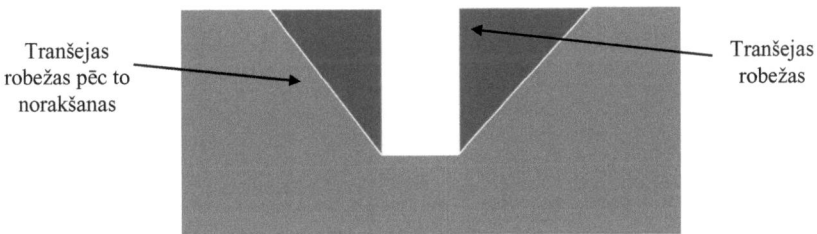

Tranšejas robežas pēc to norakšanas

Tranšejas robežas

2.5. att. Tranšejas malu norakšana, ievērojot to pieļaujamo slīpumu

Ja tiek pieņemts lēmums veikt grunts norakšanu no tranšejas malām, tad ir jāievēro pieļaujamais nogāzes slīpums tranšejām un būvbedrēm, kas norādīts 2.2.tabulā. [12; 72–102] [18; 14–17] [19; 50–64]

2.2.tabula

Pieļaujamais nogāzes slīpums tranšejām un būvbedrēm

| Grunts veids | Nogāzes augstuma attiecība pret tās platumu | |
|---|---|---|
| | līdz 3m | vairāk par 3m |
| Svaigi uzbērtas smiltis, grants | 1:1,25 | 1:1,5 |
| Mālsmilts | 1:0,67 | 1:1 |
| Smilšmāls | 1:0,67 | 1:0,75 |
| Māls | 1:0,5 | 1:0,67 |
| Less | 1:0,5 | 1:0,75 |
| Plaisaina klints | 1:0,1 | 1:0,25 |
| Monolīta klints | 1:0 | 1:0,1 |

Nepieciešamības gadījumā tranšeju atbalsta sistēmas var tikt veidotas no pieejamajiem materiāliem notikuma vietā.

Nostiprināšanas līdzekļi ir:

- ugunsdzēsības kāpnes (skatīt 2.6. attēlu);
- kokmateriāli (skatīt 2.10.attēlu);
- mehāniskie līdzekļi;
- hidrauliskie līdzekļi (skatīt 2.7. attēlu);
- pneimatiskie līdzekļi (skatīt 4.pielikumu);

- pārklāji un plēves.

Viens no operatīvākajiem tranšeju sienu nostiprināšanas veidiem ir izmantojot ugunsdzēsības kāpnes un dēļus ar biezumu vismaz 3,5 cm. (skatīt 2.6.attēlu).

2.6. att. Tranšeju nostiprināšana ar ugunsdzēsības posmkāpnēm

2.7. att. Tranšejas nostiprināšana ar hidrauliskajiem līdzekļiem

Paliktņi izvietojami pa tranšejas perimetru, lai mazinātu papildus radīto slodzi, kad glābēji strādā tranšejā un ap to. Sākotnēji attīra paliktņu novietošanas vietas un darbus uzsāk no tranšejas stūriem, lai mazinātu nogāžu procesu atkārtošanos vai turpināšanos. (skatīt 2.8.attēlu).

1–2– 3– paliktņu uzstādīšanas vietas sagatavošana; 4– paliktņu uzstādīšana gar tranšejas malām
2.8. att. Grunts horizontālā pastiprināšana

Ierodoties notikumā vietā, pirmkārt, novērtējot apstākļus, tranšejā jāizvieto ne mazāk kā divas kāpnes, lai nodrošinātu glābšanas pasākumus, ja tajā iekrīt kāds no klātesošajiem vai glābējs, pirms ir veikti tranšejas nostiprināšanas pasākumi. Kāpnēm ir jābūt nostiprinātām, lai novērstu to pārvietošanos, kad tās tiek lietotas un kāpnēm jāslienas vismaz 1m virs tranšejas, un jāatrodas līdz 8 m attālumā no visiem glābējiem, kas strādā tajā.

Pārvietošanos tranšejā ieteicams organizēt caur diviem punktiem, paredzot ieeju un izeju. (skatīt 2.9.attēla 1.zīm.).

1 – 2 – 3 – paneļu uzstādīšana tranšejas pretējā malā
2.9. att. Tranšejas vertikālo sienu nostiprināšana

Gadījumos, kad nepieciešams uzstādīt paneļus tranšejas vienā pusē, tos pārvieto uz uzstādīšanas vietu un ar virvju palīdzību koriģē paneļa nolaišanu tranšejā. (skatīt 2.9.attēla 2. un 3.zīm.). Paneļu izvietošanas laikā jāievēro īpaša piesardzība, lai netraumētu cietušo. Ilustratīva paneļa izvietošana tranšejas vienā pusē ir parādīta 3.pielikumā.

2.10.attēlā ir parādīta tranšejas nostiprināšana ar kokmateriāliem. Jāņem vērā, ka tranšejas nostiprināšanai ar kokmateriāliem būs nepieciešams ilgāks laiks.

2.10.att. Tranšejas vertikālo sienu nostiprināšana ar kokmateriāla balstiem

Drošāka kokmateriālu stiprināšana veicama ar kokskrūvju un portatīvo skrūvgriežu palīdzību (nav vibrācijas kā tas ir pie naglošanas).

## 2.2. Glābšanas darbu veikšanas paņēmieni nogāžu procesu skartajās vietās

Glābšanas darbi, kas saistīti ar nogāžu procesiem (nogruvumiem, noslīdeņiem, nobirām) tranšejās un/vai būvbedrēs, un darbiem, kuros nodarbinātajiem ir risks tikt apbērtiem ar to, ir viena no sarežģītākajām VUGD funkcijām, jo šādu darbu veikšana nav ikdiena un pastiprinātu bīstamību rada profesionālās pieredzes un teorētisko zināšanu, apmācības un praktisko nodarbību trūkums, kā arī notikuma slēptie apdraudējumi.

Glābšanas darbi nogruvumos, nobirās un noslīdeņos jāveic pilnā ugunsdzēsēja – glābēja aizsargtērpā, jo radušos aizgruvumus veido dažādas konstrukciju atlūzas, grunts, akmeņi, dubļi vai pat ledus un nepieciešams nodrošināties ar glābēju rezervi. Jāņem vērā, ka 1m³ grunts sver no 1590 – 2010 kg, 45–60 cm grunts slānis uz cilvēka krūškurvja vai muguras sver ~ 318 – 454 kg.

2.11.att. Grunts svara spiediena spēks

Katru reizi, kad cietušais izelpo ap krūškurvi, samazinās brīvā telpa, kas ierobežo tā izplešanos līdz brīdim, kad cietušais vairs nespēj elpot un iet bojā no nosmakšanas, tāpēc šādos gadījumos nav pieļaujama vilcināšanās un kļūdas, un nepieciešams operatīvi iegūt informāciju par notikumu un cietušajiem, un pēc iespējas īsākā laikā ierasties notikuma vietā. Vitāli svarīgi noskaidrot, vai cietušais pilnībā vai daļēji atrodas zem grunts un tā atrašanās ilgumu aizgruvumā, kā arī aptuvenais dziļums, kādā tas atrodas.

Glābšanas darbi pilnā apjomā notiek tikai pēc nogruvuma, noslīdeņa vai nobiru nogrūšanas/noslīdēšanas un situācijas stabilizēšanas, kad novērsta nogruvuma, noslīdeņa vai nobiru atkārtošanās iespējamība.

Notikuma vietā ieteicams sadarboties ar būvdarbu vadītāju vai atbildīgo personu, lai iegūtu papildus informāciju par aizgruvuma īpatnībām, cietušajiem un veiktajiem pasākumiem, kā arī pieņemtu lēmumus par tehnikas un aprīkojuma izvietošanu. Pēc informācijas iegūšanas, noteikt, vai glābšanas darbiem nepieciešamais aprīkojums un glābēju skaits ir pietiekami.

Glābšanas darbu laikā pastāvīgi jānovēro un jānovērtē situācija notikuma vietā un jāņem vērā klimatiskie apstākļi. Glābšanas darbi noris ar mērķi glābt apdraudētos cilvēkus un minētos glābšanas darbus nosacīti var iedalīt septiņos pamatetapos:

1. **Neatliekamie pasākumi** – ietver informācijas saņemšanu par notikumu un ziņotāja informēšanu par veicamajiem pasākumiem, lai nepieļautu, mazinātu un/vai novērstu notikuma bīstamo faktoru tālāku izplatību.

2. **Cietušo atrašanās vietas noskaidrošana** – ietver pasākumu kopumu, ko īsteno, lai atklātu cilvēku atrašanās vietas un noteiktu to stāvokļus, sakaru nodibināšanu un nepieciešamās palīdzības rakstura, apjoma noskaidrošanā.

Cietušo atrašanas vietas noskaidrošanā tiek izmantota informācija no pārējiem nodarbinātajiem vai notikuma aculieciniekiem un pielietojot darba pirmajā daļā aplūkotos paņēmienus un līdzekļus. Cietušā individuālie aizsardzības līdzekļi nogruvuma zonā var tik izmantoti kā norādes par cietušā atrašanās vietu un sākumpunktu atrakšanas darbiem. (skatīt 2.12.attēlu).

2.12.att. Cietušā individuālie aizsardzības līdzekļi
nogruvuma zonā

3. **Droša nokļūšana riska zonā, piekļūšana cietušajiem** – ugunsdzēsēju glābēju drošu nokļūšanu riska zonā nodrošina, uzturot radio sakarus un pastāvīgi atrodoties redzeslokā, saglabājot vizuālo kontaktu, kā arī individuālo aizsardzības līdzekļu lietošana, nestabilo nogruvuma, noslīdeņa daļu nostabilizēšana un glābēja nodrošināšana pret kritieniem.

Lai ugunsdzēsējs glābējs nokļūtu nogruvuma zonā pie cietušajiem, izmanto ugunsdzēsības kāpnes un piepūšamos glābšanas tiltiņus, kas ļauj pārvietoties pa nogruvumu, noslīdeni, lai neradītu papildus slodzi uz aizgruvuma malām un nogāžu procesa aktivizēšanos, taču šādi darba paņēmieni pieļaujami, kad novērsta nogruvuma, noslīdeņa atkārtošanās iespējamība.

Ja pastāv nogruvuma atkārtotas norises draudi ugunsdzēsējs glābējs tranšejā/būvbedrē pie cietušā tiek nolaists/izcelts ar glābšanas automobiļa manipulatoru un alpīnistu aprīkojumu/ugunsdzēsēja jostu ar karabīni. (skatīt 2.13.attēlu).

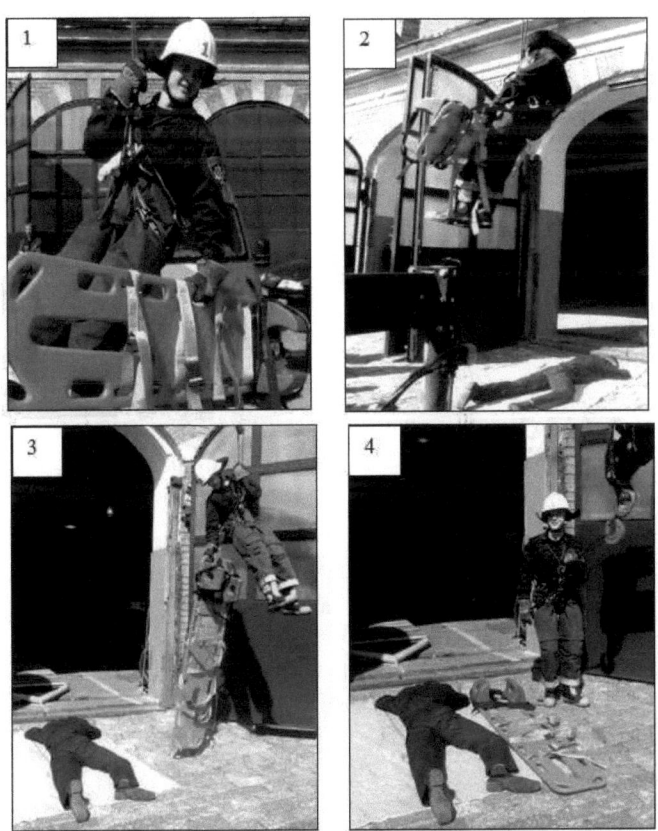

2.13.att. Glābēja nolaišana nogruvumā pie cietušā ar glābšanas automobiļa manipulatoru un alpīnistu bandāžu/ugunsdzēsēja jostu ar karabīni

Glābēju nolaišana/izcelšana tranšejā/būvbedrē un darbam nogāzēs, izmantojot ugunsdzēsības pārnesamās posmkāpnes – šāds darba paņēmiens var tikt izmantots lauku apdzīvotās vietās, kur speciālo ugunsdzēsības automobiļu nodrošinājums ir mazāks un veikti visi iespējamie drošības pasākumi, kas saistīti ar nogāžu procesu turpināšanos. (skatīt 2.14.attēlu).

Izcelšanas trijkāji iespējams izmantot, ja glābšanas darbi jāveic uz šaurām tranšejām, šahtām un akām, kā arī izmantot atraktās grunts izcelšanai. Lai mazinātu spiedienu uz grunti no trijkāja kājām, var izmantot paliktņus (piemēram, dēļus).

Glābēja nolaišanu un cietušā izcelšanu atviegло trijkāja rokas vinča. (skatīt 2.15.attēlu).

2.14.att. Cietušā izcelšana no tranšejas/būvbedres ar
ugunsdzēsības pārnesamajām posmkāpnēm

2.15.att. Cietušā izcelšana no tranšejas/būvbedres ar izcelšanas trijkāji

**4. Cietušo atrakšana** – aptver organizatorisku, tehnoloģisku pasākumu kompleksu, lai nodrošinātu piekļuvi cietušajiem, kuri atrodas grunts aizgruvumos, aizsprostotās telpās ar mērķi sniegt tiem palīdzību un evakuēt uz drošu vietu.

Cietušo atbrīvošana no nogruvuma ir apgrūtināta, jo ir/var tikt bojāti piebraucamie ceļi un nenosakāms nogruvuma apjoms un pastāv atkārtota nogruvuma norise.

2.16. att. Cietušā atrakšana ar lāpstu

Veicot cietušo atrakšanas darbus, uzskata, ka cietušais ir dzīvs un tādēļ tā tuvumā grunts pārvietošana notiek ar rokas instrumentiem un rokām (skatīt 2.16. un 2.17.attēlu), un ik pa laikam nosakot attālumu līdz cietušajam. Būvbedres/tranšejas atrakšana notiek, ievērojot nogāzes dabisko slīpumu, kad grunts atrodas līdzsvarā un nenobirst. Nogāzes slīpumu nosaka atkarībā no grunts veida, tās iršanas pakāpes un mitruma.

2.17. att. Cietušā atrakšana ar rokām

Jāpiebilst, ka arī dzīvnieki reizēm iekrīt tranšejās/bedrēs, kad paši nav spējīgi izkļūt no tās. Tādos gadījumos dzīvnieks pamatā tiek izcelts ar celtni un siksnu sistēmu palīdzību vai arī tranšeja tiek pamazām aizbērta un dzīvnieks pats var izkļūt, kad tā ir daļēji vai pilnīgi aizbērta.

2011.gada 20.septembrī plkst.18.53 VUGD saņēma informāciju, ka pie dzīvojamās mājas Daugavpilī izraktā tranšejā ir iekritusi govs. Glābēji apkārt mājlopam aplikuši virves, tad, izmantojot paši savu spēku, to nedaudz pacēla un bēra ciet tranšeju. Pēc tam govs atkal tika nedaudz pacelta un bedre bērta ciet līdz brīdim, kamēr dzīvnieks varēja no tranšejas izkāpt pats. Tranšejas dziļums bija apmēram 2m.

5. **Pirmās palīdzības sniegšana cietušajiem** – tiek sniegta to atrašanās vietās pēc piekļuves nodrošināšanas pie tiem un atbrīvošanas. Tiek pārtraukta bīstamo faktoru iedarbība un nodrošināts tāds cietušo stāvoklis, kas ļautu veikt to evakuāciju no riska zonas. Pirmā palīdzība var tikt sniegta arī pēc to nogādāšanas ārpus riska zonas, ja to stāvoklis nav kritisks.

6. **Cietušo evakuācija/transportēšana no riska zonas** – tas ir pasākumu kopums organizētai un paātrinātai cietušo nogādāšanai drošā vietā vai ārstniecības iestādē. Cietušo evakuācija notiek pēc pirmās palīdzības sniegšanas tiem. Cietušo evakuācija var norisināties divos etapos:
   1) evakuācija no iesprostojuma vietas uz drošu vietu un sagatavošana tālākai evakuācijai;
   2) evakuācija uz cietušo šķirošanas punktu vai tieši uz ārstniecības iestādi.

Evakuācijas veida un līdzekļu izvēle atkarīga no iesprostoto cietušo atrašanās vietām, piekļūšanas veidiem, pirmās medicīniskās palīdzības sniegšanas apjoma un veida, cietušo traumu rakstura un to stāvoļiem, cietušo psiholoģiskā stāvokļa, ārējiem bīstamības faktoriem cietušajiem un glābējiem, ugunsdzēsēju profesionālās sagatavotības, resursu nodrošinājuma, esošajiem transportēšanas līdzekļiem un iespējām tos izmantot, evakuācijas ceļu garumiem un citiem faktoriem atkarībā no sezonas, diennakts laika un darba apstākļiem. Cietušo pārvietošanas, evakuācijas un transportēšanas paņēmienus skatīt 2.14., 2.15., 2.18. – 2.25. attēlā.

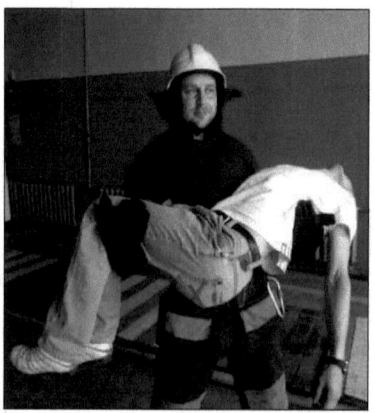 

2.18. att. Cietušā pārnešana uz rokām     2.19.att. Cietušā pārnešana ar nestuvēm

2.20.att. Cietušā pārnešana, izmantojot ugunsdzēsēju nešanas
paņēmienu

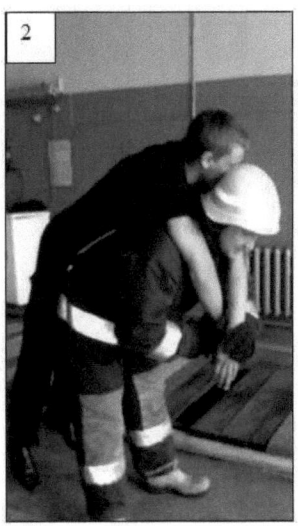

2.21.att. Cietušā pārnešana uz muguras

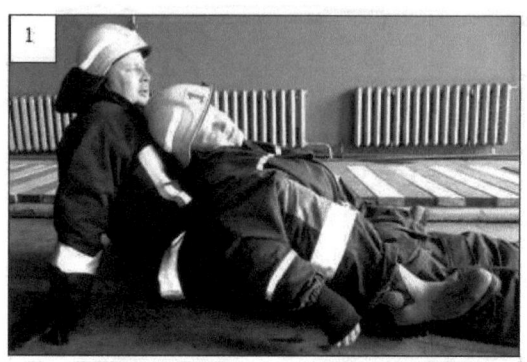

2.22.att. Cietušā atvilkšana, pārvietojoties uz muguras

2.23.att. Cietušā atvilkšana
ar „pērtiķa" tvērienu

2.24.att. Cietušā pārnešana diviem glābējiem

2.25.att. Cietušā izcelšana no tranšejas/būvbedres ar glābšanas automobiļa manipulatoru

7. **Notikuma vietas norobežošana un apsardze pēc glābšanas darbu likvidācijas** – notikums vietas norobežošana nepieciešama, lai izvairītos no atkārtotas cilvēku, dzīvnieku vai transportlīdzekļu nokļūšanas aizgruvumā.

Atkarībā no nogruvuma, noslīdeņa apjomiem, bīstamības un tālākās pārvietošanās, var pieņemt lēmumu par transportlīdzekļu kustības regulēšanu.

# 3. DARBA AIZSARDZĪBAS PRASĪBAS, VEICOT GLĀBŠANAS DARBUS NOGRUVUMOS, NOBIRĀS UN NOSLĪDEŅOS

*Projekts*

Rīgā

Iekšējie noteikumi Nr._____

**Darba aizsardzības instrukcija, veicot glābšanas darbus nogāžu procesu izraisītajos notikumos**

Izdoti saskaņā ar
Valsts pārvaldes iekārtas
likuma 72.panta pirmās
daļas 2.punktu

## I. Vispārīgie jautājumi

1. Instrukcija nosaka darba aizsardzības prasības, veicot glābšanas darbus nogāžu procesu izraisītajos notikumos.
2. Instrukcijā ir lietoti šādi termini:
   2.1. **Nogāžu procesi** – procesi, kad dabiski/mākslīgi veidotās nogāzēs/tranšejās/būvbedrēs ieži dažādu apstākļu dēļ zaudē stabilitāti un gravitācijas spēka iedarbībā pārvietojas lejup, veidojot nogruvumus, noslīdeņus un nobiras.
   2.2. **Nogruvums** – iežu masīva atdalīšanās un ātra pārvietošanās lejup pa stāvu nogāzi, daļu ceļa veicot ar pārmetienu gaisā.
   2.3. **Noslīdenis** – iežu masīvs, kas atšķēlies no nogāzes, slīd vai noslīdējis pa to.
   2.4. **Nobiras** – drupu materiāls, kas uzkrājas uz nogāzēm un gravitācijas spēka iedarbībā pārvietojas lejup.
3. Instrukcijas mērķis ir sniegt Valsts ugunsdzēsības un glābšanas dienesta amatpersonām ar speciālajām dienesta pakāpēm, kas veic ugunsgrēku dzēšanu un glābšanas darbus, zināšanas par darba aizsardzības prasībām, veicot glābšanas darbus nogruvumos, noslīdeņos un nobirās.
4. Glābšanas darbus nogāžu procesu izraisītajos notikumos atļauts veikt nodarbinātajam, kurš iepazīstināts ar šo instrukciju un individuālo aizsarglīdzekļu lietošanas instrukcijām, un par to parakstījies darba aizsardzības instruktāžas

žurnālā darba vietā, kā arī apguvis grunts horizontālās pastiprināšanas un tranšeju vertikālo sienu nostiprināšanas paņēmienus.

5. Veicot glābšanas darbus nogruvumos, noslīdeņos un nobirās, nodarbinātais pilda glābšanas darbu vadītāja prasības darba aizsardzības jomā.

## II. Darba vides riska faktori

6. Iespējamie darba vides riska faktori, kas var ietekmēt nodarbināto:
   6.1. Fizikālie faktori:
      6.1.1. notikuma vieta;
      6.1.2. notikuma bīstamo faktoru pastāvīga ietekme;
      6.1.3. darbs ārpus telpām – pazemināta gaisa temperatūra aukstajā gada laikā, meteoroloģiskie apstākļi, grunts apstākļi, ūdens klātbūtne;
      6.1.4. darbs zem zemes virsmas līmeņa;
      6.1.5. vibrācija;
      6.1.6. nepietiekams dabiskais vai mākslīgais apgaismojums;
      6.1.7. troksnis.
   6.2. Fiziskie faktori:
      6.2.1. smags darbs;
      6.2.2. darba pozas;
      6.2.3. darbs sarežģītos apstākļos.
   6.3. Psiholoģiskie un emocionālie faktori:
      6.3.1. nakts darbs;
      6.3.2. darba laika deficīts;
      6.3.3. paaugstināta atbildība;
      6.3.4. pieredzes trūkums;
      6.3.5. apkārtējo cilvēku (radinieku, kolēģu) ietekme;
      6.3.6. cietušo, ugunsdzēsēju glābēju psiholoģiskais stāvoklis;
      6.3.7. paaugstināts ugunsdzēsēju glābēju apdraudējums;
      6.3.8. darbs ar cilvēku mirstīgajām atliekām.
   6.4. Ķīmiskie faktori:
      6.4.1. saindēšanās ar gāzēm (metāns, sērūdeņradis, izplūdes gāzes);
      6.4.2. bīstamo vielu nokļūšana uz ādas.
   6.5. Bioloģiskie faktori:
      6.5.1. ērču pārnestās slimības;
      6.5.2. citu insektu kodumi, insektu pārnēsātās slimības;
      6.5.3. saskare ar indīgiem dzīvniekiem, indīgu dzīvnieku (čūsku) kodumi;
      6.5.4. dzīvnieku uzbrukumi, suņu kodumi, trakumsērga;

6.5.5. infekcijas slimības, kas izplatās ar asinīm vai citiem organisma šķidrumiem (piemēram, B hepatīts, C hepatīts, HIV);

6.5.6. alergēni.

6.6. Traumatisma riska faktori:

6.6.1. apgrūšana ar grunti;

6.6.2. iestigšana nestabilā gruntī;

6.6.3. paklupšana, pakrišana;

6.6.4. darbs uz vai pie ceļa braucamās daļas;

6.6.5. darbs ar ēku un būvju konstrukcijām;

6.6.6. inženierkomunikāciju bojājumi;

6.6.7. ierīču kustīgās daļas;

6.6.8. nokļūšana zem sprieguma;

6.6.9. gāzu eksplozijas bīstamība;

6.6.10. mikrotraumas.

## III. Kolektīvie un individuālie darba aizsardzības pasākumi un līdzekļi

7. Kolektīvie darba aizsardzības pasākumi:

7.1. vienoti brīdinājuma signāli;

7.2. veselības stāvokļa un psiholoģisko īpašību pārbaude;

7.3. dabiskā un/vai mākslīgā apgaismojuma nodrošināšana;

7.4. riska zonas lieluma noteikšana;

7.5. riska zonas atbrīvošana no nepiederošām personām;

7.6. drošības zīmju uzstādīšana un to norādījumu izpilde (norobežojuma lenta, brīdinājuma un norādījuma zīmes);

7.7. grunts horizontālā pastiprināšana ar paliktņiem;

7.8. vismaz 2 ugunsdzēsības kāpņu novietošana tranšejā drošībai;

7.9. nestabilo nogruvuma/noslīdeņu daļu vertikālā nostabilizēšana;

7.10. ventilēšanas iekārtu sagatavošana darbam;

7.11. iekārtu un instrumentu lietošanas instrukciju ievērošana;

7.12. drošības, aizsardzības un spiediena ierobežojošo iekārtu atbilstība normatīvajos aktos noteiktajām prasībām.

8. Individuālie darba aizsardzības pasākumi un līdzekļi:

8.1. ugunsdzēsēja glābēja pilna aizsargtērpa komplekta lietošana;

8.2. sakaru līdzekļu (rāciju) lietošana;

8.3. apgaismes luktura lietošana;

8.4. individuālo elpošanas aizsardzības līdzekļu lietošana;

8.5. darba un atpūtas režīma ievērošana.

## IV. Darba aizsardzības prasības pirms glābšanas darbu uzsākšanas

9. Pirms glābšanas darbu uzsākšanas glābšanas darbu vadītājs:
   9.1. instruē nodarbinātos par darbu bīstamos apstākļos;
   9.2. nosaka briesmu signāla veidu draudu gadījumā;
   9.3. organizē notikuma vietā esošās tehnikas darbības apturēšanu;
   9.4. transportlīdzekļu kustības regulēšana/pārtraukšana;
   9.5. organizē riska zonas ierobežošanu;
   9.6. nepieciešamības gadījumā norāda nodarbinātajiem cilvēku glābšanas veidu un izmantojamo aprīkojumu.

10. Pirms glābšanas darbu uzsākšanas, nodarbinātais:
    10.1. veic individuālo aizsardzības līdzekļu patstāvīgu pārbaudi;
    10.2. sagatavo nepieciešamo aprīkojumu saskaņā ar glābšanas darbu vadītāja noteikto;
    10.3. izmanto tikai pārbaudītu un darba kārtībā esošu aprīkojumu un iekārtas.

11. Nodarbinātais neuzsāk darbu, ja:
    11.1. nav veikti darba aizsardzības pasākumi;
    11.2. konstatēts ugunsdzēsības aprīkojuma un iekārtu bojājums;
    11.3. nav apmācīts darbam ar aprīkojumu, iekārtām, automobiļu un citas tehnikas izmantošanu.

12. Konstatējot darba aizsardzības noteikumu pārkāpumu, to novērš nekavējoties.

## V. Darba aizsardzības prasības, veicot glābšanas darbus nogruvumos, noslīdeņos un nobirās

13. Glābšanas darbu vadītājs:
    13.1. pārrauga un kontrolē situāciju notikuma vietā;
    13.2. nepieļauj ugunsdzēsēju glābēju drūzmēšanos uz nestabilām grunts daļām;
    13.3. darbam notikuma vietā norīko ne mazāk kā divus nodarbinātos;
    13.4. nosaka nodarbinātā maiņu un atpūtas laika sadalījumu.

14. Nodarbinātajam aizliegts:
    14.1. nogruvuma zonā atrasties vienam, nenodrošinoties ar virvi un atrasties ārpus redzamības zonas;
    14.2. ielēkt aizgruvumā vai nogāzes apakšā;
    14.3. atrasties uz aizgruvuma nogāzes;
    14.4. pārvietoties un atstāt transportlīdzekļus uz nogāzes vai tuvu tranšejas/būvbedres malai, kur iespējams nogruvums;
    14.5. glābšanas darbos izmantot ierīces, kas rada lielu slodzi uz tranšejas/būvbedres malām un mākslīgus satricinājumus;

14.6. cietušo atrakšanai pielietot inženiertehniskos līdzekļus.

15. Notikuma vietas norobežošanā aizliegts izmantot tādus paņēmienus, kas paredz norobežojošo konstrukciju elementu iedzīšanu gruntī. Izmantot norobežojošos konusus.

16. Informāciju par notikumu iegūst no notikumā iesaistītajiem cilvēkiem (precizējot cietušā atrašanās vietu, laiku un notikuma izraisīšanās apstākļus) nepieļaujot to atrašanos riska zonā.

17. Notikuma vietā novērtēt esošo un prognozējamo meteoroloģisko apstākļu ietekmi uz grunts procesiem un glābšanas darbu gaitu.

18. Būvbedres/tranšejas atrakšana notiek, ievērojot nogāzes dabisko slīpumu, kad grunts atrodas līdzsvarā un nenobirst. Nogāzes slīpumu nosaka atkarībā no grunts veida, tās iršanas pakāpes un mitruma. (skatīt 3.1.tabulu).

19. Aizliegts bez nostiprinājuma atrakt tranšejas/būvbedres slapjās smilts un mālsmilts gruntīs.

3.1.tabula

Pieļaujamais nogāzes slīpums tranšejām un būvbedrēm

| Grunts veids | Nogāzes augstuma attiecība pret tās platumu | |
|---|---|---|
| | līdz 3m | vairāk par 3m |
| Svaigi uzbērtas smiltis, grants | 1:1,25 | 1:1,5 |
| Mālsmilts | 1:0,67 | 1:1 |
| Smilšmāls | 1:0,67 | 1:0,75 |
| Māls | 1:0,5 | 1:0,67 |
| Less | 1:0,5 | 1:0,75 |
| Plaisaina klints | 1:0,1 | 1:0,25 |
| Monolīta klints | 1:0 | 1:0,1 |

20. Cietušo atrakšanas laikā uzskata, ka cietušais ir dzīvs un tā tuvumā grunts pārvietošana notiek ar rokām.

21. Cietušo atbrīvošanas darbu laikā izraktos iežus (grunti) aizliegts novietot tuvāk par 0,5 m no tranšejas, būvbedres malām.

22. Uzstādot autopacēlāju nogāzes vai tranšejas tuvumā, autopacēlāja valdītājs ievēro lietošanas dokumentācijā norādītos attālumus. Ja minētos attālumus nav iespējams ievērot, būvbedres vai tranšejas malas nostiprina, ņemot vērā nogruvuma atkārtošanās iespējamību.

23. Cietušo glābšanas veidi un līdzekļi jāizvēlas, ņemot vērā tehniskās iespējas notikuma vietā un cietušo stāvokli.

24. Ja ir konstatēts aprīkojuma, iekārtu vai individuālo aizsardzības līdzekļu bojājums, nodarbinātais nekavējoties ziņo glābšanas darbu vadītājam vai norīkotajam atbildīgajam nodarbinātajam par darba aizsardzību notikuma vietā.

## VI. Darba aizsardzības prasības, beidzot glābšanas darbus nogruvumos, nobirās un noslīdeņos

25. Atstājot notikuma vietu, veic šādus pasākumus:

    25.1. norobežo un iespēju robežās padara drošu nogruvuma vietu;

    25.2. pārbauda nodarbināto skaitu;

    25.3. aprīkojuma izvietošanu un nostiprināšanu automobiļos tam paredzētajās vietās.

26. Atgriežoties struktūrvienībā, automobiļus un aprīkojumu sagatavo turpmākajam darbam:

    26.1. veic automobiļu un aprīkojuma apkopi;

    26.2. sagatavo individuālos aizsardzības līdzekļus.

# KOPSAVILKUMS

Izvēlētā darba tēma par glābšanas darbu veikšanas paņēmieniem nogāžu procesu skartajās vietās ir savdabīga un tā nav ikdieniška, bet nozīmīga VUGD glābšanas darbu veikšanas jomā. VUGD saņemtie izsaukumi uz glābšanas darbiem, kuros cietušie tiek aprakti zem grunts vai ir iestiguši nestabilā gruntī liecina par mācību materiālu nepieciešamību, lai ugunsdzēsēji glābēji šāda veida glābšanas darbus veiktu vēl profesionālāk un drošāk.

Darba pirmajā daļā ir aplūkoti nogāžu procesus ietekmējošie faktori, nogruvumu, nobiru un noslīdeņu veidošanās īpatnības, klasifikācija un to novēršanas pasākumi. Sniegta informāciju par izlūkošanas veikšanu un cietušo atrašanas paņēmienu īpatnībām nogāžu procesu skartajās vietās, piemērotāko ugunsdzēsības un glābšanas tehniku un aprīkojumu nogruvumu, nobiru un noslīdeņu seku likvidācijai, par cietušo iespējamajām traumām un pirmo palīdzību nogāžu procesos.

Otrajā daļā ir dots ieskats par glābšanas darbu veikšanas priekšnosacījumiem un etapiem nogruvumos, noslīdeņos un nobirās. Ilustratīvi attēloti cietušo pārnešanas un pārvietošanas paņēmieni, ugunsdzēsēja glābēja droša nokļūšana riska zonā un atdarināti glābšanas darbu veikšanas pamatpaņēmieni un tranšeju nostiprināšanas un nogruvumu novēršanas metodes.

Izpētot, analizējot, apkopojot un sistematizējot pētījumā apkopoto informāciju, jāsecina, ka dažkārt, veicot rakšanas darbus, apzināti tiek pārkāptas darba aizsardzības prasības, tādēļ radot pastiprinātu risku jebkurai darbībai un var apdraudēt ne tikai darba veicējus, bet arī apkārtējos cilvēkus, dzīvniekus un transportlīdzekļus. Toties glābšanas darbi nogruvumos, noslīdeņos un nobirās veicami, ievērojot īpašu piesardzību un operativitāti, nodrošinot VUGD apakšvienības ierašanos notikuma vietā pēc iespējas īsākā laikā, jo katru reizi, kad cietušais izelpo, ap krūškurvi samazinās brīvā telpa, kas ierobežo tā izplešanos līdz brīdim, kad cietušais vairs nespēj elpot un iet bojā no nosmakšanas, un grunts pārvietošana cietušo tuvumā notiek ar rokām.

Darba trešajā daļā ir izstrādāts iekšējo noteikumu „Darba aizsardzības instrukcija, veicot glābšanas darbus nogāžu procesu izraisītajos notikumos" projekts ar mērķi sniegt ugunsdzēsējiem glābējiem zināšanas par darba aizsardzības prasībām, veicot glābšanas darbus nogruvumos, noslīdeņos un nobirās.

# BIBLIOGRĀFISKAIS SARAKSTS

1. A.Indāns, J.Ošiņa, A.Zobena: *„Inženierģeoloģija"*, Rīga: ZVAIGZNE, 1986, 264 lpp.
2. S.Matule, D.Rudzīte, I.Žaimis: *„Ugunsdzēsība Rīgā 800 gados"*, Rīgā: Likuma vārdā, 2001, 285 lpp.
3. G.Nikitina: *„Metodiskie ieteikumi glābšanas darbu veikšanai nogruvumos, nobirās un noslīdeņos"* (Kvalifikācijas darbs) // Rīga, Ugunsdrošības un civilās aizsardzības koledža, 2010, 65 lpp.
4. Ministru kabineta noteikumi Nr.137: *„Cilvēku celšanai paredzēto pacēlāju tehniskās uzraudzības kārtība"*, Rīga: 16.02.2010. (caurskatīti 20.12.2011.)
5. Ministru kabineta noteikumi Nr.92: *„Darba aizsardzības prasības, veicot būvdarbus"*, Rīga: 25.02.2003. (caurskatīti 20.12.2011.)
6. Valsts darba inspekcijas 2011.gada 1.pusgada darbības pārskats, Valsts darba inspekcija, 2011, 40 lpp.
7. Valsts darba inspekcijas 2010.gada darbības publiskais pārskats, Valsts darba inspekcija, 2011, 71 lpp.
8. Arxcis Inc.: *„Trench safety instruction"*, Hard hat training: 2004, 82 lpp.
9. C.V. "Buddy" Martinette Jr.: *„Trench Rescue: Awareness, Operations, Technicians"*, Jones and Bartlett Publishers, Inc; 2006: 318 lpp.
10. C.V. "Buddy" Martinette Jr.: *„Trench rescue operational field guide"*, Warwick House Publishing; Spi edition: 2004: 56 lpp.
11. C.V. "Buddy" Martinette Jr.: *„Trench rescue"*, Jones and Bartlett Publishers, Inc; 2005: 264 lpp.
12. Drew R. Smith: *„Confined Space &Trench Rescue Awareness"* (Presentation) 145 slides
13. J.P. Malet and O. Maquaire: *„Risk assessment methods of landslides"*, 29 lpp.
14. International Institute for Geo–Information Science and Earth Observation: *„Landslide hazard and risk assessment"*, 2005, 34 lpp.
15. Mihail E. Popescu: *„Landslide causal factors and landslide remediatial options"*, ASV: Illinois Institute of Technology, 2010, 21 lpp.
16. Patrik Mayer: *„ Landslide hazard manual"*, 2009, 32 lpp.
17. Sebnem Düzgün: *„Vulnarability in relation to risk management"*, Middle East Technical University: 2005, 22 lpp.
18. Shoreline Fire Department: *„Trench Rescue"* (reference manual and procedural guide): 2008, 36 lpp.
19. SNOHOHISH COUNTY TECHNICAL RESCUE TASK FORCE: *„Trench rescue manual"*, 2008,110 lpp.

20. University of Sannio – Urbater – Morphosis: „*Landslide risk assessment & management*", 2006, 38 lpp.

21. Vimplex: „Vibrascope ® BVA–6, Vibraphone ASB6", Rescue products technical sheet, 4 lpp.

22. Авторский коллектив: Мухин И.И., Дарменко А.Ф., Скриница Б.В., Мажухпвский Э.И., Хихленко В.Г., Вороной С.М., Парамонов В.В., Чумак С.П., Нконова Н.И.: „*Спасательные работы при ликвидации последствий обвлов оползней селей снежных лавин*" (справочник спасателя), Министерство Российской Федерации по делам гражданской обороны чрезычайным ситуациям иликвидации последствий стихийных бедствий, Москва ВНИИ ГОЧС: 2006, 184 lpp.

23. Авторский коллектив:. Одинцов Л.Г., к.т.н. Хапалов Е.А., Хаматдинов В.Ф., Умблия Е.А., Колпакова Е.Е., Усов М.И., Заславский И.Э., Жданенко И.В., Воронин С.А.: „*Поисково – спасательные работы с применением специально обученных собак, их подготовка и содержание*" (справочник спасателя), Министерство Российской Федерации по делам гражданской обороны чрезычайным ситуациям иликвидации последствий стихийных бедствий, Москва ВНИИ ГОЧС: 2006, 232 lpp.

24. Par Turaidas pilskalna noslīdeni: [Elektroniskais resurss]/ Ziņu portāls APOLLO. – Resurss apskatīts 16.12.2011. – http://www.apollo.lv/portal/news/articles/1767.

25. Par Latvijas viduslaiku pilīm: [Elektroniskais resurss] – Resurss apskatīts 16.12.2011. – http://www.castle.lv/castles4/hroniki/zinas2003.html.

26. Par Turaidas pilskalna jaunu zemes nogruvumu: [Elektroniskais resurss]/ Ziņu portāls DELFI. – Resurss apskatīts 16.12.2011. – http://www.delfi.lv/news/national/politics/turaidas-pilskalna-jauns-zemes-nogruvums.d?id=2635099.

27. Par suņu lomu ASV meklēšanas un glābšanas spēkos: [Elektroniskais resurss]/ ASV meklēšanas un glābšanas spēki. – Resurss apskatīts 16.12.2011. – http://www.ussartf.org/dogs_search_rescue.htm.

28. Par glābēju palīdzību tranšejā iekritušai govij: [Elektroniskais resurss]/ Ziņu portāls TVNET]. – Resurss apskatīts 20.12.2011. – http://www.tvnet.lv/zala_zeme/dzivnieki/392693.

29. Par nelaimes gadījumu Kalifornijā: [Elektroniskais resurss]/ – Resurss apskatīts – 20.12.2011. – http://www.christianpost.com/news/teenager-buried-alive-in-california-beach-as-sand-tunnel-caves-in-53359/.

30. Par pirmo palīdzību: [Elektroniskais resurss]/Valsts policija. – Resurss apskatīts 20.12.2011. – http://www.sargi-sevi.lv/?id=193&sa=124,193&lev=0.

# PIELIKUMI

# Shematiska nogruvumu klasifikācija pēc to kustības veida

**A- Noslīdēšana**

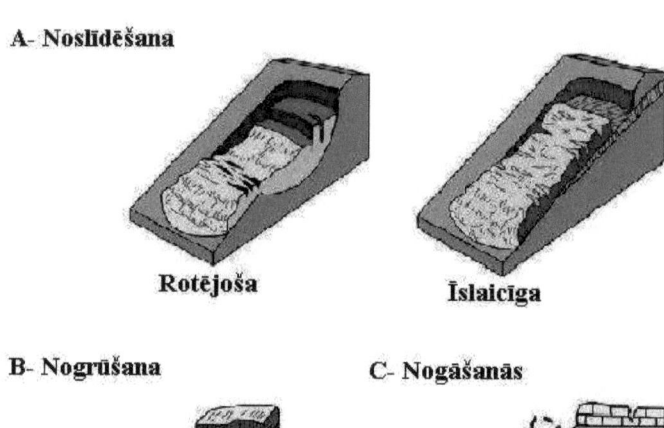

Rotējoša　　　　Īslaicīga

**B- Nogrūšana**　　　　**C- Nogāšanās**

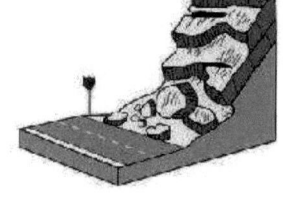　　　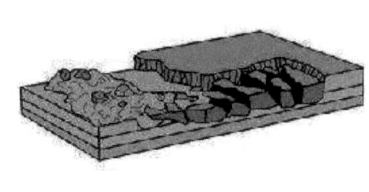

**D- Noplūšana**　　　　**E- Sānu izvērse**

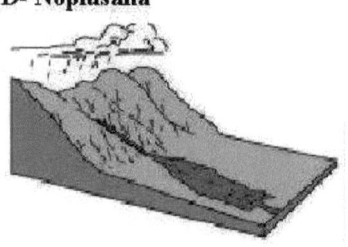

# Problems of landslide vulnerability
## Notion of Risk

„A"

| Risk formulation | Source |
|---|---|
| Risk = Hazard x Consequences | Einstein (1988) |
| Rs = H x V | Varnes (1984) |
| Rt = Rs x E = (H x V) x E | Varnes (1984) |
| Rt = Σ(Rs x E) = Σ(H x V x E) | Fell (1994) |
| Rs = P(Hi) x Σ(E x V x Ex)<br>Rt = Σ Rs(Landslide events 1,…, n) | Lee & Jones (2004) |
| R(DI) = P(H) x P(S\H) x P (T\S) x P(L\T) | Morgan et al.(1992) |
| R(PD) = P(H) x P(S\H) x V(P\S) x E | Dai et al. (2002) |

## Digitālās tehnoloģijas nogāžu procesu pētīšanā un modelēšanā
## Automatizēta lauka datu iegūšana

„B"

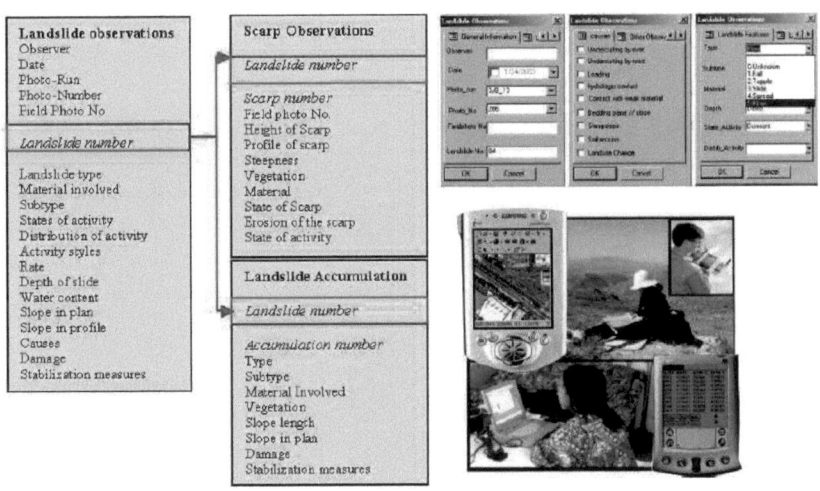

## Ilustratīva paneļa izvietošana tranšejas vienā pusē

Virvju piesiešana pie paneļa un tā sagatavošana uzstādīšanai.

Paneļa novietošana uz tranšejas malas un pārvietošana, turot aiz virvēm.

Kad panelis atrodas vertikāli pret tranšejas sienu, atslogot virves tā, lai panelis nonāk vēlamajā vietā.

# Tranšejas nostiprināšana ar pneimatiskajiem līdzekļiem

1– pneimosistēmas savienošana; 2– pneimobalsta pārvietošana ar virvēm; 3– vidējā pneimobalsta uzstādīšana; 4– gaisa padeves atvienošana; 5–balsta garuma fiksācija; 6–balsta nostiprināšana.

## Pneimatisko statņu uzstādīšanas secība

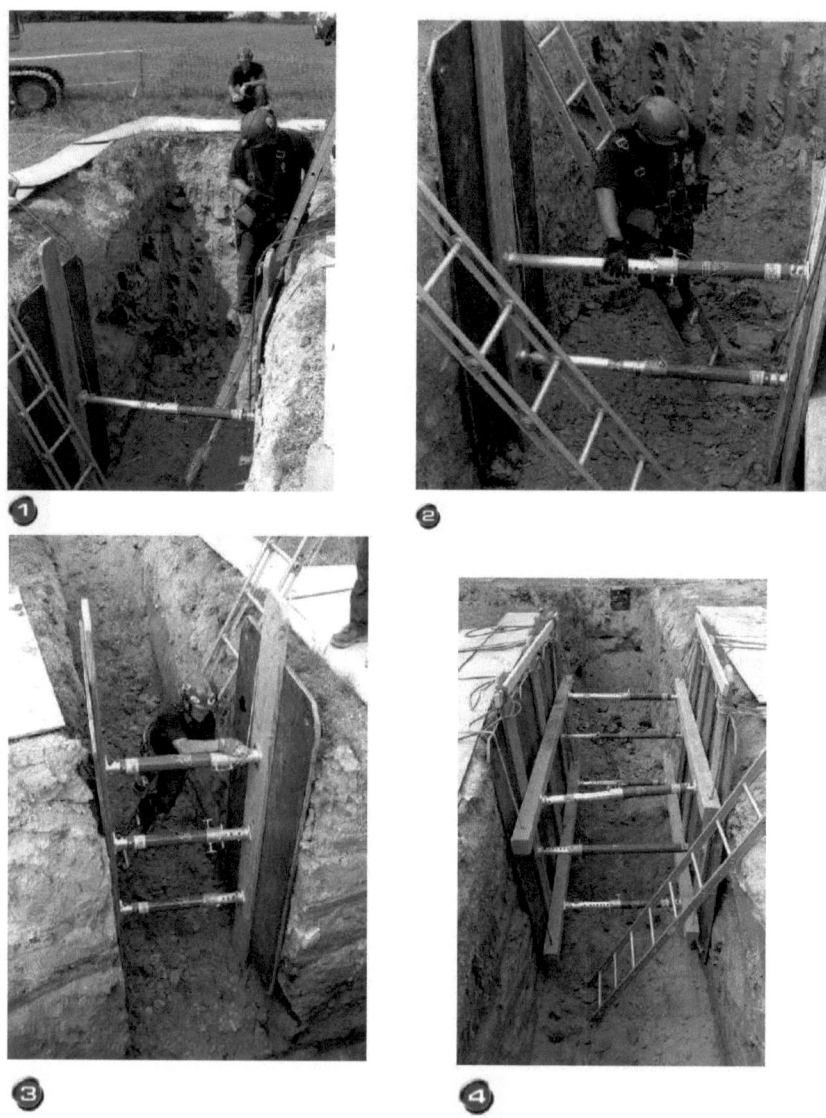

1 – 2– 3 – balstu uzstādīšanas secība; 4 – nostiprinātu tranšejas sienu kopskats

# Posmkāpņu izmantošana glābšanas darbos nogruvumos, noslīdeņos un nobirās

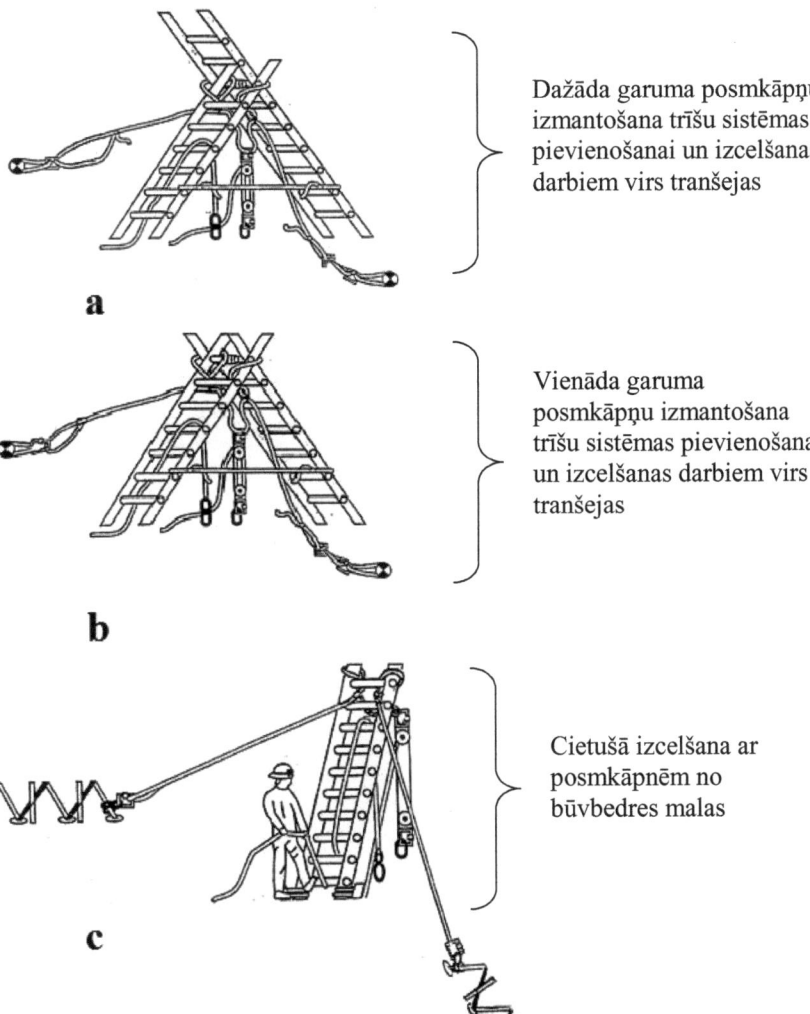

Dažāda garuma posmkāpņu izmantošana trīšu sistēmas pievienošanai un izcelšanas darbiem virs tranšejas

**a**

Vienāda garuma posmkāpņu izmantošana trīšu sistēmas pievienošanai un izcelšanas darbiem virs tranšejas

**b**

Cietušā izcelšana ar posmkāpnēm no būvbedres malas

**c**